Lehren und Lernen – Tipps aus der Praxis

Henning Fouckhardt

Lehren und Lernen – Tipps aus der Praxis

2. erweiterte Auflage

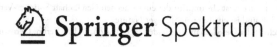

Springer Spektrum

Henning Fouckhardt
Fachbereich Physik
Technische Universität
Kaiserslautern (TUK)
Kaiserslautern, Deutschland

ISBN 978-3-662-63199-7   ISBN 978-3-662-63200-0   (eBook)
https://doi.org/10.1007/978-3-662-63200-0

Die Deutsche Nationalbibliothek verzeichnet diese Publikation in der Deutschen
Nationalbibliografie; detaillierte bibliografische Daten sind im Internet über http://
dnb.d-nb.de abrufbar.

Planung/Lektorat: Lisa Edelhaeuser
Springer Spektrum ist ein Imprint der eingetragenen Gesellschaft Springer-Verlag
GmbH, DE und ist ein Teil von Springer Nature.
Die Anschrift der Gesellschaft ist: Heidelberger Platz 3, 14197 Berlin, Germany

Denen gewidmet, die sich wirklich Mühe geben.

Vorwort von Jochen Kuhn

Bildung allgemein und „Lehren und Lernen" im Speziellen sind gesellschaftlich hochrelevante Themen – auch weil infolge der Schulpflicht in Deutschland sehr viele Bürgerinnen und Bürger diesbezüglich von eigenen Erfahrungen berichten können. Deshalb muss man sich fragen: Warum eigentlich ein Buch zu diesen Themen? – Oder besser gesagt: Warum noch ein Buch zu diesen Themen? Die Antwort bezogen auf dieses Buch ist so einfach wie vielfältig. Zum einen verändert sich die Gesellschaft im Laufe der Zeit und in den letzten Jahrzehnten mit einer, aus verschiedenen Gründen, gefühlt größeren Dynamik als zuvor. Zum anderen werden die Themen nicht von einem ausgewiesenen Fachmann der Bildungsforschung beschrieben, sondern von einem leidenschaftlichen Dozenten, dessen Erläuterungen gerade auch aus seiner professionellen Einstellung und Kompetenz heraus selten, wenn nicht einzigartig sind. Ich möchte Ihnen das anhand einiger weniger Anekdoten erläutern.

Meinen Kollegen Prof. Dr. Henning Fouckhardt lernte ich im Jahr 2012 kennen, bei meiner Bewerbungsvorstellung zur Professur für Didaktik der Physik an der Technischen Universität Kaiserslautern (TUK). Er war Mitglied der Berufungskommission, welche die Passung und Eignung der Bewerberinnen und Bewerber bewertete. Ein Teil der Vorstellung bestand darin, einen 15-minütigen, fachwissenschaftlichen Vortrag zum Thema „Warum ein Flugzeug fliegt" für Studierende des ersten Fachsemesters zu halten. Für alle Fachfremden unter Ihnen: Dazu gibt es an anderen Hochschulen ganze Lehrveranstaltungen von mehreren Wochen im Semester – also in 15 min eigentlich unmöglich. So weit so gut! Nach meinem Vortrag ging die Fragerunde munter los, wobei es im weiteren Verlauf eher ein Zwiegespräch zwischen einem Mitglied der Berufungskommission und mir selbst war. Dieses Mitglied war Henning Fouckhardt, der mich – aus der subjektiven Sicht eines Prüflings – mit durchaus unangenehmen Fragen löcherte. Nachdem Fragen zum fachlichen Inhalt schnell zufriedenstellend abgehakt waren, ging es viel länger darum, die didaktische und methodische Aufbereitung des Themas zu diskutieren. Eine der Fragen ist mir bis heute im Gedächtnis geblieben und spiegelt das unverwechselbare Lehrengagement meines Kollegen wider. Er sagte, dass er seinen Studierenden die teils abstrakten und anspruchsvollen physikalischen Inhalte in seinen Vorlesungen zur Experimentalphysik schon seit vielen Jahren mit unzähligen Experimenten zu verdeutlichen suchte, aber die Experimente scheinbar nicht im gewünschten Maße zum besseren Verständnis der Studierenden beitrügen. Meine Antwort war ganz im Sinne eines klassischen Fachdidaktikers: Ich zitierte Ergebnisse verschiedener, international durchgeführter Studien und verdeutlichte dem Kollegen, dass diese Beobachtung umfassend untersucht und genauso bestätigt ist. Daraufhin sah ich die Enttäuschung in seinem Gesicht und befürchtete schon eine negative Einschätzung von ihm. Seine Nachfrage war aber nur: „Und wie könnte man das verbessern?"

Das waren die ersten 45 min, in denen ich Henning Fouckhardt kennen lernte. Das zweite persönliche Kennenlernen war in der ersten Woche nach meinem Dienstantritt an der TUK, nachdem ich erfreulicherweise den Ruf auf die Professur erhalten und angenommen hatte. Ich war sehr verblüfft, als er als erster Kollege in der Tür stand, und dachte zunächst, dass er unsere Themen aus dem Vorstellungstermin vertiefen möchte. Aber der Anlass seines Besuchs war, mit mir darüber zu sprechen, ob und, wenn ja, wie man die universitäre Lehre verbessern und die Studierenden beim Verstehen der Physik noch besser unterstützen kann. Schnell wurde mir auch klar, dass Henning Fouckhardt ein leidenschaftlicher Verfechter und hoch angesehener Kollege guter Lehre im gesamten Fachbereich Physik (und darüber hinaus) an der TUK ist. Es ist bemerkenswert, dass ein Optoelektronik-Fachwissenschaftler nicht nur in der Forschung seine Leidenschaft sieht, sondern gerade auch in der Lehre. Und es blieb nicht nur bei diesem mehrstündigen Treffen. Danach folgten gemeinsame Projekte und Publikationen – wohlgemerkt: im Bereich der Lehr-Lern-Forschung, als sehr wertvolle und unerlässliche Kooperation von Fachwissenschaft und Fachdidaktik, und das seit nunmehr fast zehn Jahren.

Wenn man mit diesen wenigen Eindrücken dieses Buch liest, so ist es nicht verwunderlich, dass es zwar typische Themen der Bildungsforschung beinhaltet, aber aus einer völlig anderen, nämlich einer hochkompetenten, teils auch selbstkritischen und -ironischen Erfahrungsperspektive eines leidenschaftlichen Dozenten. Und genau deshalb ist es nicht einfach noch ein Buch zum

Lehren und Lernen, sondern ein besonders interessantes, erfrischend abwechslungsreiches und kurzweiliges Buch zu diesem Thema. Besonders empfehlenswert ist es für in der Hochschullehrpraxis tätige Dozentinnen/Dozenten, egal ob Anfänger/in oder Expertin/Experte, aber auch für Lehrkräfte per se. Dies gilt natürlich besonders für die ersten elf Kapitel zum Lehren und Lernen. Kap. 5 bis 9 sind auch für Studierende und Schüler/innen interessant, da Henning Fouckhardt darin beide Seiten der Medaille darstellt – also für Lehrende und für Lernende. All jenen Leserinnen/ Lesern, die sich einen schnellen Überblick über die Kapitel verschaffen und sich dann einem speziellen Thema widmen möchten, empfehle ich die Abschnitte „Fazit" zuerst zu lesen, und dann zu entscheiden, mit welchem Kapitel sie vertieft weitermachen. Allen anderen seien die elf Kapitel in voller Gänze ans Herz gelegt. Hinsichtlich der Corona-Pandemie besonders interessant ist auch das neue Kapitel zur Online-Lehre (Kap. 11). Das liegt unter anderem auch daran, dass der Autor sehr früh, im März 2020, eine der treibenden Kräfte in unserem Fachbereich war, um den Präsenzbetrieb erfolgreich auf Online-Lehre umzustellen – also große Erfahrung mit „Dos and donot's" aufweisen kann. Eine Besonderheit stellen aus meiner Sicht die – gegenüber der ersten Auflage – neuen „Kommentar"-Kap. 12 bis 15 dar, in denen Henning Fouckhardt kritische Anregungen von Leserinnen und Lesern diskutiert.

Zum Schluss nochmal zurück zur Eingangsanekdote: Im Nachhinein verstand ich natürlich auch, dass die intensiven Fragen von Henning Fouckhardt während des Vorstellungsgesprächs nicht (nur) zum Prüfen dienten, sondern zu seiner eigenen Einsicht in für ihn offene Fragen und zu verbessernde Probleme im Lehrbetrieb. Und genau das ist es, was uns antreiben sollte – fragen und verbessern -, gerade bei einem Thema, das infolge der Dynamik unserer Gesellschaft auch zukünftig immer wieder weitergedacht werden muss.

Also: Wenn Sie ein Buch aus der Bildungsforschung zum Thema „Lehren und Lernen" lesen möchten, sollten Sie sich ein anderes Werk suchen. Wenn Sie aber auf der Suche nach Antworten aus der Praxis für die Praxis sind, gehört das Buch sicherlich zu einer kurzweiligen Pflichtlektüre. Nebenbei sei bemerkt: Viele in den Kapiteln berichtete Erfahrungen würden auch ähnlich als Forschungsergebnisse oder Empfehlungen in einem Buch der Bildungsforschung zu finden sein. Andere Erfahrungen sind sicher trefflich diskutierbar oder als Fragestellung in einem Forschungsprojekt bearbeitbar – in der Lehr-Lern-Forschung, als Kooperation von Fachwissenschaft und Fachdidaktik!

Kaiserslautern   Jochen Kuhn
8.2.2021

Überblick und Danksagung

Dieses Buch ist kein Fachbuch der Didaktik, sondern entstand aus dem Wunsch, Erfahrungen aus einer fast 33-jährigen Lehrtätigkeit (als wissenschaftlicher Mitarbeiter und Professor) in den Natur- und Ingenieurwissenschaften an drei deutschen Universitäten wiederzugeben und Schlüsse zu ziehen.

Die Überlegungen widersprechen teilweise der heute weit verbreiteten Denkweise, Lernen müsse und könnte – wenn sich die Lehrenden doch nur richtig Mühe geben würden – in jeder Minute eine einzige Freude sein. Diese Vorstellung ist ein Irrglaube, und seine Verbreitung erschwert die Lehre zunehmend, da sie bei Schülerinnen, Schülern und Studierenden sowie deren Eltern eine falsche Erwartungshaltung gegenüber den Lehrenden weckt. Lernen und Studieren haben immer viel mit (teilweise auch mühevoller) Eigenleistung der Lernenden zu tun: viel Lesen, Zuhören, Mitdenken, Fragenstellen, Diskutieren. Den „Nürnberger Trichter", über den die Lernenden mühelos Wissen, Denkweisen, Fertigkeiten und Kompetenzen in sich „einfüllen" lassen können, gibt es nicht.

Die Demokratisierung der Gesellschaft hat zu der Forderung nach *Transparenz* aller Entscheidungen und Handlungen sowie nach *Mitgestaltungsmöglichkeiten* geführt – zumindest im öffentlichen Bereich. Und dies ist auch gut so. In den Schulen und Hochschulen führt diese Forderung dazu, dass sich die Lehrenden Autorität und Respekt erst erwerben müssen. Lernmethoden und -inhalte werden ständig von verschiedenen Seiten (Schülerinnen, Schülern, Studierenden, Eltern, Bildungspolitikerinnen, -politikern, Journalistinnen, Journalisten ...) in Frage gestellt.

Einerseits ist dies gut; denn es kann und sollte dazu führen, dass die Lehrenden immer wieder über diese Themen nachdenken, ihre eigenen Vorgehensweisen über-denken und – wenn sinnvoll – neuen Gegebenheiten und Möglichkeiten anpassen. Andererseits bringt dies eine Unruhe in die Lehre, die auch der Sache abträg-liche Aspekte beinhaltet. Vergessen wir z. B. nicht, dass ein 18-Jähriger *nicht wissen kann,* was er im Alter von 35 Jahren im Beruf an Wissen, Fertigkeiten, Fähigkeiten und Kompetenzen brauchen wird, auch wenn ihm mit 18 ganz sicher erscheint, dass er diesen und jenen Stoff niemals in seinem Leben wird nutzen können!

Die Forderung nach Transparenz und Mitgestaltungs-möglichkeiten darf nicht dazu führen, dass Lernende jeden schwierigen Lerninhalt in Frage stellen oder gar ablehnen dürfen, so dass sich Lehrende letztlich nicht mehr an die schwierigen Themen, aus denen die Schüler/innen und Studierenden sehr viel lernen könnten, heran-trauen. Fordern heißt fördern. Die Lehrenden dürfen von den Lernenden fordern, mitzudenken und mitzuarbeiten.

Ein zweiter ganz wichtiger Aspekt der veränderten Gesellschaft ist *Vielfalt*. Fast kann schon festgestellt werden, dass Vielfalt an sich einen neuen Wert darstellt. *Vielfalt ist Leben! „Diversity makes the world tick!"*

Aus der Didaktik und Hirnforschung ist schon lange bekannt (z. B. [GAR02]), dass unterschiedliche Menschen unterschiedliche bevorzugte Wege haben, sich ein Themenfeld zu erschließen, der erste muss es verbal erklärt bekommen, die zweite muss dazu eine Zeichnung sehen, der dritte muss eine Rechnung machen ... Schon dadurch ist eine gewisse Vielfalt in der Lehre von je her gerechtfertigt gewesen.

Aber durch die gesellschaftlichen Veränderungen hat die Vielfalt /Vielfältigkeit auch einen eigenen Wert bekommen. Die Schüler/innen und Studierenden erwarten heute quasi, dass ein Sachverhalt von verschiedenen Seiten mit verschiedenen Methoden beleuchtet wird. Es ist also nicht nur eine Frage des Angebots, sondern tatsächlich auch der Nachfrage.

Heute ist es in der Lehre sehr wichtig, den richtigen Zugang zu den Lernenden zu finden. Und dabei spielen sehr viele Aspekte eine Rolle. Gleichwohl sind Lehre und Lernen immer eng mit Kommunikation verbunden. Kommunikationspfade zu den Lernenden zu erschließen, ist eine der Aufgaben der Lehrenden. In diesem Zusammenhang sei auf das aus meiner Sicht sehr gute Buch [PLA15] *„Spielend" unterrichten und Kommunikation gestalten* von Maike Plath verwiesen. Nicht optimal ist meines Erachtens der Titel des Buchs, da er missverstanden werden kann. Es geht nicht um spielerisches Lehren oder spielerisches Lernen. Besser wäre vielleicht *„Schauspielend" unterrichten* ... Zum Beispiel könnte ein Dozent die Rolle desjenigen einnehmen, der gegen alles ist („Die Newtonschen Axiome stimmen doch gar nicht!

Woran soll man sie denn erkennen können?"), so dass die Studierenden ihn überzeugen müssen. (Gleichwohl sollte er in allen Rollen, in die er schlüpft, authentisch bleiben.) Menschen lieben Geschichten. Und daher sollten Lehrende Geschichten erzählen, aber keine Märchen.

Um diesen sehr wichtigen Aspekt, nämlich dass das Wechselspiel aus Lehren und Lernen Kommunikation ist, geht es in meinem Buch nicht zentral. Er spielt zwar in fast alle Erläuterungen hinein, aber nicht auf einer didaktischen, sondern eher auf einer handwerklichen Ebene, z. B. wie Kleinigkeiten eine inhaltsreiche Kommunikation erschweren oder verbessern können.

Eine andere wichtige Erfahrung ist, dass es heute in der Informationsgesellschaft genauso schwierig ist, an wichtige und richtige Informationen zu kommen, wie vor 40 Jahren. Man sollte meinen, dass es mit dem *World Wide Web* (WWW) und Speichermedien, wie der *Digital Video/Versatile Disc* (DVD^{TM}), die so viele Informationen fassen, wie sie früher an Büchern nicht in jede Heimbibliothek passten, einfach sein müsste, Informationen zu erhalten. Wo früher der mühselige Weg in die Stadtbibliothek anstand und man, wieder zuhause, feststellte, dass man sich doch nicht die zur Vorbereitung des Referats am besten geeigneten Bücher mitgenommen hatte, sind heute nur ein paar Schritte zum PC notwendig, um im WWW zu sein. Aber tatsächlich erfordert es auch hier Strategien, in akzeptabler Zeit an Informationen zu kommen. Und selbst dann kann man nicht sicher sein, *fundierte* Informationen gefunden zu haben.

Die Älteren wie ich hatten Gelegenheit zu lernen, uns zu konzentrieren, weil es die Flut von medialen Ablenkungen früher nicht gab. Informationen zu sammeln, heißt heute aber – *als Kehrseite der Medaille Vielfalt* –, ständig aus einem riesigen Angebot etwas herausfiltern und hoffen zu müssen, dass man den Kern der Sache erwischt hat. Aber manchmal bleibt doch etwas vom Kern der Sache verborgen.

Ingenieurinnen/Ingenieure und Physiker/innen nennen dieses Problem *undersampling*. Aber dieses *zu seltene Hinsehen* an einer Stelle ermöglicht mehr Hinsehen links/rechts, oben/unten und vorn/hinten; vielleicht könnte man dies *broader sampling (breiteres Hinsehen)* nennen. Mag sein, dass die heutigen Jugendlichen und jungen Menschen bisweilen den Wald vor lauter Bäumen übersehen; aber den See, das Feld und das Dorf nebenan erkennen sie. Mit dieser Technik erwischen sie Verknüpfungen, die wir Älteren nicht gesehen haben, weil wir uns jeweils nur auf eine Sache konzentriert haben (im Wald geblieben sind). Die Vielfalt hat also sowohl Nachteile als auch Vorzüge.

Einerseits müssen Lehrende berücksichtigen, dass Vielfalt in jeglicher Hinsicht Teil der neuen Gesellschaft ist und *an sich* einen Wert darstellt, eben auch Vielfalt in der Darstellung. Zum anderen „ist weniger oft mehr". Man sollte nicht krampfhaft nach der vierten, fünften ... Form der Darstellung suchen. Je mehr Medien ich in meiner Lehre einsetze, desto schlechter sind die Ergebnisse von Übungen und Klausuren. Konzentration auf einige wenige Methoden (aber eben nicht nur auf eine) ist wichtig. *Und je nach Lehrstoff mögen andere Methoden sinnvoll sein.*

In Kap. 1 bis 10 dieses Buchs wird je ein Tipp für gute Lehre, gute (Lehr-)Vorträge und gutes Lernen gegeben. Kapitel 1 bis 4 und 10 sind eher auf die Lehre ausgerichtet, Kap. 5 bis 9 eher auf das Lernen. Dass hier beide Seiten miteinander dargestellt werden, liegt daran, dass sie eng verwoben sind. So kann es auch für Schüler/innen und Studierende hilfreich sein zu wissen, warum Lehrende so handeln, wie sie es tun.

Kap. 11 über Aspekte der Online-Lehre ist auf Wunsch des Verlags neu hinzugekommen, was zu Corona-Pandemie-Zeiten sicher noch wichtiger geworden ist. Dabei soll es nicht um technische Möglichkeiten gehen[1], sondern um didaktische Aspekte und Erfahrungen mit der Online-Lehre.

Wegen kritischer Anregungen von Leserinnen/Lesern ist das Buch für die zweite Auflage darüber hinaus auch um Kap. 12 bis 15 erweitert worden. Diese Kapitel enthalten im Prinzip keine Gedanken, die nicht schon in Kap. 1 bis 11 genannt wurden, setzen aber noch einmal andere Klammern, betonen bestimmte Gedanken und führen Aspekte, die mir besonders wichtig erscheinen, deutlicher aus. Diese Ausführungen sind daher zwangsläufig subjektiver und persönlicher als die zuvor, und ich erwähne noch mehr Beispiele aus meiner Berufstätigkeit. Aus diesem Grund sind Kap. 12 bis 15 mit „Kommentar" überschrieben. Wäre dieses Buch eine Kolumne, würden es diese Kommentare eher in die Zeitung schaffen als die elf Kapitel davor.

Viele der im Buch gegebenen inhaltlichen Beispiele entstammen der Physik; sie müssen aber nicht detailliert verstanden werden, um den pädagogisch-didaktischen Gedankengängen folgen zu können. Und die allgemeinen Aussagen und Tipps gelten nicht nur für das Fach Physik, sondern mindestens für viele Natur- und Ingenieurwissenschaften, wenn nicht sogar darüber hinaus.

Auf eines können die Lehrenden heute bei den Lernenden zählen: Lebensfreude. Wie kann diese Lebensfreude genutzt und auch in Begeisterung für das Lernen umgemünzt werden – für den Spaß am Bearbeiten von dicken Brettern anstelle von Dünnbrettbohren? Den

---

[1]Dafür wäre ich als Autor auch ungeeignet.

Schülerinnen und Schülern sowie Studierenden sollte etwas zugetraut/„zugemutet" werden. Ihnen sollte gezeigt werden, dass sie etwas können, dass ihre Ideen gebraucht werden. Fordern heißt fördern.

Ich möchte mich bei meinen Mitarbeitern Dr. Christoph Döring und Dr. Johannes Straßner sowie bei Anett Fleischhauer, Viktor Becker und Sascha Sprengard für ihre ständige Unterstützung, auch bei meiner Online-Lehre, bedanken. Des Weiteren möchte ich meinem Kollegen Prof. Dr. Jochen Kuhn, Professor für Fachdidaktik der Physik an der Technischen Universität Kaiserslautern (TUK) für sein Engagement· für die Lehre und die Möglichkeit, mit ihm und seinen Mitarbeiterinnen und Mitarbeitern zusammenzuarbeiten, sowie für sein Vorwort danken. Der Dank betrifft auch seinen früheren Mitarbeiter Jun.-Prof. Dr. Pascal Klein, der mittlerweile an der Universität Göttingen eine Juniorprofessur für Physik und ihre Didaktik innehat, sowie Jochen Kuhns derzeitigen Mitarbeiter Dr. Stefan Küchemann. Darüber hinaus möchte ich mich ganz herzlich bei Dr. Lisa Edelhäuser, promovierte Physikerin und Editorin Physik und Astronomie, Programmplanung Physik und Astronomie im Springer-Verlag, bedanken, die dieses Buchvorhaben von Anfang an betreut und sehr konstruktiv begleitet hat. Ihr Name stehe hier auch stellvertretend für alle anderen Mitarbeiter/innen des Verlags, die an der Entstehung des Buchs beteiligt gewesen sind.

Kaiserslautern
23.2.2021

Henning Fouckhardt

Inhaltsverzeichnis

1

Details der Darstellung sind wichtig

Verwirren ist einfach, erklären ist schwierig!

1.1 Wer ist die Zuhörerschaft?

Gleichgültig ob es um Unterrichts- oder Vorlesungsstunden oder auch nur um einen einzelnen Vortrag geht, die wichtigsten Fragen müssen für Vortragende und Lehrende immer lauten: „Vor wem trage ich vor? Wie viele Personen hören zu? Wie alt sind sie? Was ist ihr Vorwissen? Gibt es Wissen, das erst nachgeliefert bzw. vorbereitet werden muss, bevor das Hauptthema angesprochen werden kann?" Die allermeisten schlechten Vorträge sind an der Nichtbeachtung dieser Fragen gescheitert.

Dabei ist auch wichtig, dass der Vortrag eine Dramaturgie hat: Es gilt, zunächst das thematische Umfeld abzustecken, dann das Problem, danach die Möglichkeiten, es zu lösen, aber auch Schwierigkeiten, die dem entgegenstehen,

© Der/die Autor(en), exklusiv lizenziert durch Springer-Verlag GmbH, DE, ein Teil von Springer Nature 2021
H. Fouckhardt, *Lehren und Lernen – Tipps aus der Praxis*,
https://doi.org/10.1007/978-3-662-63200-0_1

und schließlich die erfolgreiche Lösung darzustellen. Insofern ist ein guter Vortrag ähnlich wie jeder gute Roman oder Spielfilm aufgebaut. Dazu gehören auch Phasen mit größerer Spannung und Geschwindigkeit, in denen die Zuhörer/innen genau hinhören müssen, um die Zusammenhänge zu verstehen, und ruhigere Phasen, in denen sie durchschnaufen können.

Für die Dramaturgie sind das Betonen von wichtigen Wörtern, der gezielte Einsatz von Gesten und Mimik, um eine Aussage zu unterstreichen, oder von kleinen Pausen nach wichtigen Aussagen unerlässlich. In einem Vortrag könnte jeder Satz inhaltlich korrekt sein und jeder zweite Satz eine Neuigkeit enthalten; wenn die Betonung fehlen sollte, würden die meisten Zuhörer/innen den Wert der Aussagen nicht erkennen.

Wie schon ausgeführt, gilt all dies nicht nur für einzelne Vorträge, sondern im Prinzip für jede Unterrichts- oder Vorlesungsstunde. Setzt eine solche Forderung nicht alle Lehrenden unter Druck? Nicht wirklich, denn ihr kann mit relativ wenig Aufwand nachgekommen werden.

Vor Jahren fragte ich einen Physikerfreund, wie es zu seiner schnellen Karriere im Mobilfunkbereich gekommen war. Abgesehen von einigen Randbedingungen, auf die er wohl kaum Einfluss gehabt haben konnte (wie den Boom der Mobilfunkbranche), führte er seinen Erfolg auf *einen* Umstand zurück: Im Gegensatz zu den meisten Kolleginnen und Kollegen bereitete er sich auf *jede* Sitzung, an der er teilnahm, mindestens einige Minuten vor, selbst wenn seine eigene Arbeit bei dieser Sitzung nicht diskutiert werden sollte. Er fragte sich: „Was ist die Ausgangslage, was wollen wir bei dieser Sitzung erreichen, welche Möglichkeiten haben wir dazu wahrscheinlich, was sind die Probleme, wie könnte man sie eventuell lösen, und wer könnte dies tun?" Schon diese Vorbereitung führte dazu, dass er Lösungen schneller sah als andere. So bekam er die Aufgaben, die zwar schwierig waren, aber auch spannend (und mit denen er sich Lorbeeren verdienen konnte).

Man sollte sich vor jeder Vorlesungsdoppelstunde vergegenwärtigen, welche Themen in den kommenden 90 min anzusprechen sind, wie das nächste Thema aus dem aktuellen hervorgeht, was das Problem dabei ist, wie dies thematisch eingebettet werden kann. Das klappt zwar nicht immer, aber doch häufiger und besser, als man meinen könnte. „Wir haben uns letztes Mal mit dem Begriff ‚Kraft' auseinandergesetzt. Wie messen wir Kräfte? Wie addieren wir Kräfte? Warum spüren wir Kräfte, die wir ausüben? Denken Sie an das dritte Newtonsche Axiom über Kraft und Gegenkraft! – Aber dabei sind wir immer von Bewegungen auf einer geraden Linie (Translationen) ausgegangen. Heute werden wir merken, dass Kräfte alleine unter Umständen noch gar nichts ausrichten können, wenn es um Drehungen (Rotationen) geht. Es kommt auch auf den Hebelarm an, an dem die Kraft angreift, und darauf ob die Kraft in Richtung des Hebelarms oder schief oder senkrecht dazu angreift. Am Ende wird eine für uns neue Größe (das ‚Drehmoment') stehen, die bei Drehungen die Kraft ersetzt."

Für nicht physikalisch Interessierte mag dieses Beispiel – ob mit oder ohne Verpackung – wenig spannend sein. Für Interessierte erleichtert diese Verknüpfung den Zugang zur neuen Größe Drehmoment, deren Sinn man ansonsten vielleicht gar nicht einsehen mag. Denn Studierende haben oft das irrige Gefühl, dass schwierige Begriffe und Gesetzmäßigkeiten nur als Schikane für sie eingeführt werden.

Ein großer Fehler, den man beim Lehren machen kann, ist das bloße Aneinanderreihen von Fakten. Dabei können die Einzelerklärungen noch so gut, die Beispiele noch so einleuchtend sein, ohne die Brücken vom vorhergehenden Thema zum nachfolgenden werden die Erklärungen verpuffen.

1.2   Wie sind die Räumlichkeiten?

Man mag es zunächst nicht glauben, aber der Unterrichtsraum, Hörsaal oder Vortragsraum entscheidet über den Erfolg der Lehrbemühungen mit. Oder anders herum gesagt: Die Möglichkeiten und Unmöglichkeiten des Raums müssen berücksichtigt werden, um optimale Wirkung zu erzielen.

Der schlimmste denkbare Vortragsraum enthält eine oder mehrere tragende Säulen – mehr oder weniger mittendrin. Gleichgültig wohin man projiziert, gleichgültig wohin man sich stellt, es gibt immer einige Zuhörer/innen, die nicht alles sehen können. Und wenn sie sich nicht umsetzen können, weil der Saal gefüllt ist, hat man keine Chance, das Problem zu umgehen.

In allen anderen Räumen hat man Möglichkeiten zur Optimierung, beispielsweise auch bei Projektionen in einem schmalen Raum *hinter* dem Publikum zu stehen. Aber die Situation muss vorher durchdacht werden. Wenn man zu einem Vortrag eingeladen wird, sollte man sich, wenn die Chance besteht, bereits kurz nach der Ankunft den Vortragsraum zeigen lassen. Dann kann ein Teil des Gehirns im weiteren Verlauf des Besuchs bis zum Vortrag schon darüber nachdenken, wie der Raum beim Vortrag am besten genutzt werden kann.

Und zu den Räumlichkeiten gehört die Technik des Raums: Ist ein Mikrofon vorhanden und funktionsfähig? Ist sein Einsatz notwendig oder störend? Funktioniert der Beamer auch mit diesem Rechner? Rechtzeitig ausprobieren! Welche Abhilfe gibt es? Wer könnte helfen?

Deswegen bitten Tagungsorganisatorinnen/-organisatoren darum, schon vor der Sitzung mit den eigenen Vortragsutensilien aufzutauchen und alles auszuprobieren. Und wer das nicht für nötig hält, bereut es immer.

1.3   Versetzen Sie sich in die Zuhörerschaft!

Jeder von uns kennt Lehrende, die zwar ganz offensichtlich ihren Stoff beherrschen, vielleicht geradezu in ihm aufgehen, aber es nicht schaffen, ihn klar herüberzubringen.

Und es ist überaus verblüffend, durch was für Kleinigkeiten eine Dozentin / ein Dozent die Zuhörerschaft unbeabsichtigt auf eine falsche Fährte schicken kann. Wird auf einer Folie die Kurve für den Strom gelb dargestellt und die für die Spannung blau (weil der Computer laut Voreinstellungen das automatisch so gemacht hat) und bei der nächsten Folie anders herum (weil ein anderer Computer anders eingestellt war), sind die meisten Zuhörer/innen vollkommen durcheinander. Und warum? Weil man selbst den Farben der Kurven keine Bedeutung beigemessen, die Unterschiede also selbst gar nicht für wichtig gehalten hat.

Die/der Vortragende muss sich in die Zuhörerschaft versetzen! Sie/er hatte vorher Gelegenheit, sich über jede Folie mindestens minutenlang Gedanken zu machen. Die Zuhörer/innen haben nur ein paar Sekunden Zeit zu erfassen, worum es geht; dann folgen schon weitere Informationen. Vielleicht steht auf der zweiten Folie sogar zusätzlich explizit in der Legende, dass die Stromkurve nun die blaue ist. Aber es strömt zu viel auf die Zuhörer/innen ein, um dies zu erkennen.

Die Farben von Messkurven sind natürlich nur ein Beispiel. Genauso verwirrend sind:

- nicht durchgängige Symbole für Messpunkte,
- unterschiedliche Skalierungen für Diagramme,
- unterschiedliche Einheiten,
- ein Rahmen um ein Diagramm, keinen um ein anderes,
– Bullets bei einer Auflistung und Spiegelstriche bei einer anderen oder sogar innerhalb derselben,
- große Schriftfonts für die Überschrift einer Folie und kleine für die (gleichrangige) Überschrift einer anderen,
- grundlos unterschiedlich große Fotos auf einer Folie,
- Fotos, die nicht auf derselben Höhe wie der Text stehen, der sie beschreibt.

Die Liste ist schier endlos. Natürlich muss man immer abwägen, wie viel Zeit man zur Optimierung des Vortrags aufwenden möchte und kann.

Aber es ist wichtig, sich der vielen Stolpersteine bewusst zu sein. Leitlinie muss sein, sich in die Lage der Zuhörenden zu versetzen, für die der Inhalt des Vortrags unbekannt ist.

1.4   Vortragen kann man nicht lernen – oder doch?

Man kann nicht lernen, *brillante* Vorträge zu halten. Eloquenz ist nur bedingt erlernbar. Und Charisma hat man, oder man hat es nicht. Es gibt Vortragende und Lehrende, die den ersten Satz ihres Vortrags sprechen und schon damit den Saal in ihren Bann schlagen, Theoretiker/innen auf Experimentalphysik-Tagungen, bei deren Vortrag man (außer ihrer Stimme) eine Stecknadel fallen hören könnte, Dozentinnen/Dozenten, bei denen aufgrund ihres Erscheinungsbilds die Zuhörer/innen an ihren Lippen kleben. (Nicht in jedem Fall mögen dabei die Worte bis in die Gehirne der Zuhörer/innen vordringen, wovon Indiana Jones^{TM} ein Lied singen kann.)

Aber man kann erlernen, *sehr gute* Vorträge zu halten. Kleinigkeiten *in der Darstellung* zu berücksichtigen, wie im letzten Abschnitt ausgeführt, ist ein wichtiger Punkt. Umgekehrt sollten bei der Beschreibung eines Sachverhalts nicht sofort alle *inhaltlichen* Einzelheiten erwähnt werden, die in diesem Zusammenhang irgendwie wichtig sein könnten. Damit wäre die Zuhörerschaft überfordert. Unter Umständen sollte man bestimmte Einzelheiten überhaupt nicht erwähnen, bis in der Diskussion von selbst die Fragen darauf kommen. Weniger ist hier eindeutig mehr!

Nicht aufgeregt vor dem Auditorium herumzuspringen, ist ein anderer wichtiger Punkt. Gleichwohl kann es hilfreich sein, starke Gesten zu verwenden (geballte Fäuste, aufzeigende Zeigefinger, mit ausgestreckten Armen das Publikum scheinbar zu umarmen oder sogar ganz gezielt bei einem wichtigen Argument direkt auf das Publikum zuzugehen).

Aber es reicht nicht aus, von diesen und anderen Regeln zu wissen, man muss sie auch anwenden bzw. einstudieren, immer wieder. Alle Mitarbeiter/innen meines Lehrstuhls, die auf eine wissenschaftliche Tagung fahren wollen und sollen, um dort einen Vortrag zu halten, müssen vor ihren Kolleginnen/Kollegen Probevorträge halten. Manchen fällt es leichter, und sie benötigen nur drei Probevorträge, bis das Resultat akzeptabel ist. Anderen fällt es schwerer, und sie brauchen vielleicht acht Probevorträge. Aber es hilft, und beim nächsten Tagungsbeitrag ist die Anzahl der notwendigen Probevorträge schon geringer.

Das mag manchem übertrieben erscheinen. Und sicher muss auch hier immer eine Kosten-Nutzen-Rechnung erfolgen. Aber meistens lohnt der Nutzen die Kosten. Ein Probevortrag hilft auch zu erkennen, ob Überleitungen flüssig sind, ob eine andere Folienreihenfolge sinnvoller wäre oder ob vielleicht wichtige Puzzlesteine der Erklärung bisher ganz fehlen.

In den obigen Absätzen war viel von Vorträgen die Rede. Gelten die Hinweise auch für Unterrichts- oder Vorlesungsstunden? Der Nutzen wäre sicher genauso hoch; aber natürlich fehlt die Zeit, diesen Aufwand jedes Mal zu treiben. Was kann also getan werden? Bei wichtigen Themen oder solchen, die schwer darzustellen oder zu verstehen sind (die spezielle Relativitätstheorie – selbst bei nur phänomenologischer Darstellung ohne viele Formeln – mag als Beispiel dienen), sollte der Aufwand fast so groß wie vor einem wichtigen Vortrag sein. Es kann auf einen bestimmten Satz ankommen. Ein falscher Satz schickt die Zuhörerschaft in die falsche Richtung, ein wohlüberlegter Satz, eine gute Analogie oder ein gutes Beispiel (das man sich nicht erst im Hörsaal überlegt) kann die Tür zum Verständnis öffnen. Bei anderen Themen ist die Vorbereitung mit weniger Aufwand möglich. Niemals sollte sie fehlen!

Und genauso wichtig ist die Nachbereitung. Jedes Mal gibt es ein paar Punkte, bei denen man als Dozent/in merkt, dass die Erklärung noch Verbesserungen vertragen kann. Letztere sollte man direkt nach der Stunde, solange die Erinnerung noch frisch ist, in die eigenen Unterlagen einbauen, um es beim nächsten Mal besser zu machen. Diese Nachbereitung erfordert meist wenig Zeit (vielleicht 5 bis 15 min pro Doppelstunde), ist aber für die Zukunft unbedingt vorteilhaft.

Das bedeutet aber auch, dass keine einzige Darstellung eines Sachverhalts, die man zum ersten Mal gibt, perfekt sein kann. Wenn man bereit dazu ist, diesen (gar nicht so großen) Aufwand zu treiben, erfolgt die Optimierung von Mal zu Mal.

1.5 Nachsicht

Die obigen Ausführungen mögen manche Schülerin oder Studentin, manchen Schüler oder Studenten oder gar Eltern bewegen, etwas gnädiger mit Dozentinnen/Dozenten, zumindest mit jungen, zu sein. Wie schnell ist das Urteil gefällt: „Die/der kann nicht erklären!" Und dabei vergisst man leicht, wie unklar man sich selbst tagtäglich ausdrückt, wenn man sich nicht in die Rolle des Gegenübers versetzt.

Ein Beispiel: Bei dem Tempo, das dem heutigen Profifußball innewohnt, ist offenbar keine Zeit mehr für den Konjunktiv. Manuel Neuer (den ich bewundere) nach dem Viertelfinalspiel gegen Frankreich bei der Herren-Fußball-WM 2014 in Brasilien in einem ARD-Interview über einen Angriff der Franzosen: „Ich muss die kurze Ecke zuhaben. Und wenn er dann 'reingeht, dann ist es ein Torwartfehler." Er meinte wohl: „Ich musste die kurze Ecke zumachen. Wenn der Ball trotzdem 'reingegangen wäre, wäre es mein Fehler gewesen."

Oder Tom Bartels (den ich sehr schätze) (ARD) zu einem Kopfball von Benedikt Höwedes an den Pfosten im Endspiel: „Wenn er den 'reinmacht, zählt das Tor. Nach dem Kopfball Abseits." Er meinte wohl: „Wenn er den 'reingemacht hätte, hätte das Tor gezählt. Erst nach dem Kopfball entstand die Abseitssituation." Für alle, die unmittelbar zusahen, war deutlich, was Tom Bartels meinte, auch wenn er die Gegenwartsform und nicht den Konjunktiv verwendete. Aber für jemanden, der gerade einmal nicht hinsah, waren die Sätze unverständlich.

Nun ist es natürlich klar, dass im Alltag in einer Ad-hoc-Situation nicht jeder Satz wohl durchdacht und ausgereift sein kann. Schließlich erhält Manuel Neuer seine Entlohnung auch nicht für das Reden. Und selbst bei einem Sportreporter kann man in der Hitze des Gefechts nicht formvollendete Sätze erwarten. (Vielleicht würden die der spannungsgeladenen Situation auch gar nicht gerecht werden.) *Aber es ist wichtig, sich klarzumachen, wie schnell Zuhörer/innen verwirrt werden können. Und Dozentinnen/Dozenten sollten zumindest an den wichtigsten Stellen Verwirrungen auszuschließen versuchen.*

Nun geht es aber nicht immer nur um sprachliche Unklarheiten, die verwirren können, sondern auch um inhaltliche. In den letzten Jahren vor der Corona-Pandemie war in deutschen Nachrichtensendungen häufig von der schwarzen Null im Haushalt die Rede, die der Finanzminister anstrebte oder sogar erreicht hatte. Und für den üblicherweise auf ein Jahr bezogenen Haushalt mag das auch zutreffend gewesen sein. Aber der Eindruck, der erweckt wurde, war ein anderer; die Schulden wurden nicht erwähnt. Gemeint war, dass es keine Neuverschuldung gegeben hatte. Mit anderen Worten: Die Gesamtfinanzen des Bundes waren in den roten Zahlen; aber die roten Zahlen wurden nicht größer. Der Unterschied zwischen dem, was scheinbar gesagt wurde, und dem, was gemeint war, ist in der Mathematik der Unterschied zwischen einer zeitabhängigen Funktion $y(t)$ und ihrer zeitlichen Ableitung dy/dt – ein wichtiger Unterschied. Ein über der Zeit konstanter, negativer Wert zeigt eine Ableitung mit dem Wert 0, aber der Wert ist und bleibt negativ.

Oder der Chef einer Firma, die an der Börse gehandelt wird, kündigt einen Quantensprung in der Entwicklung des Unternehmens an. Ist es Wohlwollen oder Unverständnis bei den Anlegerinnen/Anlegern, das einen sofortigen Kurssturz verhindert? Denn ein Quantensprung ist ja der kleinstmögliche Sprung, der stattfinden kann. Das meinte der Firmenchef sicher nicht.

Kleine Unterschiede in der Formulierung entscheiden darüber, ob etwas richtig oder falsch ist oder ob etwas verstanden wird oder nicht. *Grundsätzlich ist eine genaue Ausdrucksweise anzustreben!*

1.6   Fazit

- Verwirren ist einfach, erklären ist schwierig!
- Versetzen Sie sich in die Zuhörerschaft! Das ist das A und O.
- Berücksichtigen Sie äußere Umstände, wie die Räumlichkeiten, die technische Ausrüstung und die Tageszeit (z. B. eine müde Phase nach dem Mittagessen, so dass man witziger vortragen muss)!
- Auch Vorträge sollten immer wieder geübt werden, selbst bei viel Berufserfahrung!

1.5 Fazit

2

Überleitungen liefern den roten Faden

Scheinbar Selbstverständliches muss auch erwähnt werden!

2.1 Ein falsches Wort

Zu der Aussage „Details sind wichtig" in Kap. 1 gehört auch die Feststellung, dass einzelne Wörter darüber entscheiden können, ob etwas Sinn macht und verstanden wird oder eben nicht.

Um wieder ein Beispiel aus dem Fußball zu nennen: Mats Hummels (ebenfalls von mir bewundert) in einem ZDF-Interview nach dem 7:1 gegen Brasilien auf die Frage, warum er sich gar nicht so richtig freue: „Ohne arrogant sein zu wollen, wissen wir das seit über einer Stunde, dass wir weiter sind. Also da ist es dann so, dass die ganz großen Emotionen nach dem Abpfiff dann erst 'mal *noch nicht* aufkommen." Er meinte sicher, dass die Freude in so einem

Fall beim Abpfiff *nicht mehr* richtig aufkommt. Der Unterschied zwischen „noch nicht" und „nicht mehr" macht den Unterschied zwischen Unverständnis und Verständnis.

Noch schlimmer ist das Unverständnis, wenn in naturwissenschaftlichen Darstellungen durch unklare Formulierungen (meist ungewollt) Ursache und Wirkung vertauscht werden: „Weil das Drehmoment groß ist, ist der Hebelarm lang" statt richtigerweise „Weil der Hebelarm groß ist, ergibt sich ein großes Drehmoment". Drei solche Fehler kurz hintereinander in einer Vorlesung und 95 % der Zuhörer/innen melden sich geistig ab – mit Recht.

Die Vorstellung, dass ein einzelnes Wort oder eine einzelne Begründung darüber entscheiden kann, ob die Zuhörerschaft den Stoff versteht oder nicht, ist insbesondere für junge Dozentinnen/Dozenten beunruhigend (falls diese Erkenntnis überhaupt schon herangereift ist). Erleichterung dazu kann aus der Überlegung gewonnen werden, dass man ggf. auch langsam sprechen darf und beim langsamen Sprechen an den wichtigsten Stellen der Erklärung mehr Zeit hat, seine Gedanken zu ordnen und die Formulierungen sorgfältig zu wählen. Dieses Vorgehen hat noch einen anderen Vorteil. Durch den Wechsel zum langsamen Sprechen wird die Wichtigkeit der Stelle im Gedankengang betont. Und die Schüler/innen und Studierenden haben die Möglichkeit, den nun ganz sorgsam gewählten Worten auch sorgfältig zu lauschen – eine *Double-win*-Situation. Also keine Angst vor Pausen und langsamem Sprechen, zumindest wenn es ganz wichtig wird!

2.2 Triviales ist oft nicht trivial! Redundanz und klare Aussagen sind wichtig!

Als Student habe ich Bücher gehasst, in denen Formulierungen wie „Trivialerweise sieht man sofort, dass ..." vorkamen. Trivial waren solche Passagen in den seltensten Fällen. Und heute muss ich annehmen, dass Autorinnen/Autoren, die so etwas schreiben, selbst den Zusammenhang nicht voll verstanden haben oder sich zumindest um eine schwierige Erklärung drücken wollen.

Und selbst wenn etwas zu einem bestimmten Zeitpunkt der Vorlesung trivial sein müsste, weil schon mehrfach darüber gesprochen wurde, ist es manchmal trotzdem ratsam, darauf hinzuweisen, ... dass gerade wieder eine Fragestellung vorliegt, wie sie neulich besprochen wurde, so dass sich zwangsläufig dieselben Schlussfolgerungen wie neulich ergeben. Redundanz ist wichtig!

Dozentinnen/Dozenten wissen, welchen Gedankengang sie in den nächsten 30, 45, 60 oder 90 min darlegen wollen, was die Voraussetzungen sind, von denen sie ausgehen, was die Phänomene sind, die sie erläutern wollen, und was die Schlussfolgerungen sind, die sie daraus ziehen wollen. Die Zuhörerschaft weiß dies nicht. Nicht nur, dass auf sie schnell viele neue Informationen einströmen; darüber hinaus müssen die Zuhörer/innen in der Kürze der Zeit auch noch einordnen, welchen Stellenwert die gerade gesagte Information hat: Ist es eine Voraussetzung, von der ausgegangen wird? Ist es eine Nebenbedingung, die nur im Spezialfall zu berücksichtigen ist? Ist es die zentrale Aussage, um die sich die gesamte Erläuterung dreht?

Diese Fragen beziehen sich auf das *Metawissen*. Dieser Begriff wird unterschiedlich verwendet. Hier soll darunter das Wissen über die Zusammenhänge und die *Einordnung* der bloßen Fakten verstanden werden, quasi ein Wissen einer höheren Qualität oder auf einer höheren gedanklichen Ebene. Es ist vielleicht die Hauptaufgabe jeder Dozentin / jedes Dozenten, dieses Metawissen zu liefern:

- „Das Wesentliche am hydrostatischen Auftrieb sind die unterschiedlichen Massendichten von Flüssigkeit und eingetauchtem Gegenstand. Alles andere folgt daraus."
- „Die Gravitationskraft ist um 43 Größenordnungen/ Zehnerpotenzen schwächer als die Coulomb-Kraft. Deswegen ist die Massenanziehung irrelevant, wenn es um die Wechselwirkung geladener Teilchen geht."

Es ist erstaunlich, dass man ähnlich klare Aussagen in Lehrbüchern kaum findet. Vielleicht haben die Autorinnen/ Autoren manchmal Sonderfälle im Kopf, die die Aussage nicht ganz so klar und sicher sein lassen. Nach meiner Erfahrung sind solche klaren Aussagen für die Lernenden aber sehr wichtig. Lieber die Sonderfälle erst dort, wo sie auftreten, erläutern und auch auf die frühere (allzu klare) Aussage verweisen, sie explizit korrigieren, als niemals eine klare Aussage zu machen! *Denn die klaren Aussagen helfen den Lernenden, die richtige Richtung zu finden.*

Als junger Dozent versuchte ich, nur absolut richtige Aussagen zu treffen. Wenn es viele Nebenbedingungen für eine Aussage gab, nannte ich alle diese Nebenbedingungen gleich mit – in demselben Satz –, mit dem Erfolg, dass alle Aussagen so verklausuliert waren, dass gar nichts mehr bei den Studierenden ankam. Heute mache ich einfachere Aussagen, wie: „In den meisten Fällen gilt ... Aber es gibt auch Ausnahmen, die wir später behandeln werden[1]." Ich habe den Eindruck, dass nun bei den Studierenden mehr ankommt.

---

[1] „Dat and're Loch krieg'n wa' spä(h)ter!"

2.3 Metawissen

Metawissen sollte auch der Gegenstand jeder Überleitung von einem Thema zum nächsten sein, von einer Folie zur nächsten, von einer mathematischen Herleitung zur nächsten:

- „Auf dieser Folie war *gerade* von drei Möglichkeiten die Rede, das Problem der Wärmeabfuhr zu lösen. *Jetzt* sollen diese drei Möglichkeiten näher betrachtet werden. (Folienwechsel) Auf dieser Folie geht es um die erste der drei Möglichkeiten, eine bessere Wärmeabfuhr zu erzielen. Er zeichnet sich dadurch aus, dass Substrate verwendet werden, die eine besonders große Wärmeleitfähigkeit zeigen. ..."

- „*Eben* wurde eine neue Messtechnik erläutert, mit der während der Herstellung einkristalliner Schichten Aussagen über die Qualität der Kristalloberfläche gewonnen werden können. *Nun* sehen wir uns einige Messergebnisse von dieser Technik an und versuchen, aus den Ergebnissen Rückschlüsse auf die Oberfläche zu ziehen. ..."

- „Sie haben *eben* in einer Graphik ein Messergebnis der Größe y in Abhängigkeit der Größe x (also $y(x)$) gesehen. Erwartet hatten wir, wie *anfangs* im Vortrag erläutert, eine exponentielle Abhängigkeit. Für große Werte von x hat sich *aber* eine Abweichung von der Erwartung ergeben. Um diese Abweichung und den Grund dafür soll es auf dieser Folie gehen. ..."

Wichtig an diesen Beispielen sind zum einen sogar die *kursiv* gedruckten Wörter. Sie unterstreichen die Zusammenhänge und die Abfolge der Gedanken. Ohne sie wären die Aussagen nicht falsch, aber für die Zuhörer/innen schwerer bzw. nicht so schnell zu erfassen. Diese wenigen geeignet eingestreuten Wörter können die Zuhörerschaft extrem unterstützen.[2]

Zum anderen soll mit den Beispielen erläutert werden, dass es – zumindest an wichtigen Stellen – sinnvoll ist, die Sätze aneinander anzuschließen, indem einzelne Ausdrücke wiederholt werden.[3] Damit wird erreicht, dass der gedankliche Faden ganz offensichtlich nicht abreißt: „… hat sich *aber* eine Abweichung von der Erwartung ergeben. Um diese Abweichung und den Grund dafür soll es auf dieser Folie gehen. …"

Überleitungen sollten das Metawissen enthalten. Sie sollten den Zuhörerinnen/Zuhörern erlauben, Zusammenhänge zu sehen und zu verstehen. Insofern sind gute Überleitungen eines der wichtigsten Instrumente für gute Lehre.

2.4 Fazit

- Wiederholt und noch mehr betont: Verwirren ist einfach, erklären ist schwierig! Einzelne Wörter können über den Lehr-/Lernerfolg entscheiden!
- Scheinbar Selbstverständliches muss auch erwähnt werden!
- Gedankliche Überleitungen (das Metawissen) zwischen Aussagen und Themen müssen explizit erwähnt werden. Sie sind für das gute Verständnis extrem wichtig!
- Redundanz ist wichtig!

---

[2]Im Deutschunterricht wurden solche Wörter als „Füllwörter" aus unseren Aufsätzen herausgestrichen; aber in der naturwissenschaftlich-technischen Lehre sind sie durchaus nützlich.

[3]Auch das wurde im Deutschunterricht negativ bewertet, ist in der naturwissenschaftlich-technischen Lehre aber durchaus hilfreich.

3

Für die Hilfsmittel gibt es kein Patentrezept

Tafel, Folie oder Beamer sind alleine keine Allheilmittel.

3.1 Die eine Methode

Als ich 1991 als junger Professor anfing zu lehren und Kollegen nach der richtigen Lehrmethode fragte, hörte ich gebetsmühlenartig, dass ich doch alles an die Tafel schreiben und den Overheadprojektor nur nutzen sollte, um wichtige Abbildungen zu präsentieren. (Beamer gab es damals in der Praxis kaum.) Ich selbst nahm diesen Ratschlag nur allzu gerne auf, weil ich es selbst nicht anders kannte und mir diese Form der Präsentation des Lehrstoffs daher als die natürlichste erschien. Im Laufe der Jahre kamen mir aber immer mehr Zweifel:

Zum einen verleitet das Anschreiben an die Tafel die Studierenden dazu, alles mitzuschreiben – aber zunächst einmal ohne viel nachzudenken (wenn der Tafelanschrieb als das Wichtigste dargestellt worden ist). Steht man an der Tafel

© Der/die Autor(en), exklusiv lizenziert durch Springer-Verlag GmbH, **19** DE, ein Teil von Springer Nature 2021
H. Fouckhardt, *Lehren und Lernen – Tipps aus der Praxis*, https://doi.org/10.1007/978-3-662-63200-0_3

und malt (womöglich etwas gedankenverloren) einen Strich auf die Tafel, hört man 300 Leute einen Strich auf ihre Notizhefte kratzen. Steht man dann aber absichtlich direkt vor der Zuhörerschaft (weit weg von der Tafel), um einen wichtigen Sachverhalt eindringlich darzustellen, fängt die Hälfte der Leute an, mit dem Nachbarn zu reden, ein Butterbrot auszupacken, in ihrer Aktentasche zu kramen …

Zum anderen hat der Tafelanschrieb viele Tücken. Am dramatischsten sind diese bei mathematischen Herleitungen, die in der Physik ja häufig vorkommen und auch relevant sind. Formeln anzuschreiben, birgt die Gefahr, dass der Dozent Schreibfehler in die Formeln einbaut, die im schlechtesten Fall weder von ihm noch von den Studierenden erkannt werden, im besten Fall zu störenden Diskussionen führen, wo etwas falsch sei und wie dieser Fehler nun zu beheben sei. Hinzu kommt, dass übliche Tafeln so klein sind, dass der Dozent spätestens nach 20 min anfangen muss, Teile des Geschriebenen wieder wegzuwischen, um Platz für den weiteren Anschrieb zu haben. Und wenn er Teile des alten Geschriebenen retten möchte, entsteht bei ihm eine heillose Verwirrung über die Frage, wo er sinnvoll weiterschreiben könnte, und so ist auch die Verwirrung der Zuhörer- bzw. Mitschreiberschaft vorprogrammiert. Aber der vielleicht in den Naturwissenschaften und speziell der Physik wichtigste Aspekt ist, dass sich lange Herleitungen auf diese Art und Weise durchaus über eine Doppelstunde erstrecken können. Dabei geht der rote Faden mit absoluter Sicherheit verloren und genau das sollte doch eigentlich vermieden werden.

Und in einer realen Vorlesungssituation gibt es viele Studierende, die – das kann man leider nicht verhindern – stupide mitschreiben, ohne das Gehirn anzuwerfen, gerade wenn man den Tafelanschrieb bevorzugt und ein Mitschreiben erwartet. Diese Studierenden haben vielleicht wirklich die Absicht, den Stoff später nachzuarbeiten. Aber das unterbleibt oft oder wird dadurch erschwert, dass das

(Mit-)Geschriebene ohne weitere Hinweise zum Verständnis nicht ausreicht, wenn dem Stoff nicht schon während der Vorlesung konzentriert gefolgt wurde.

Über viele Jahre (des Lehrens und gleichzeitig des eigenen Lernens als Dozent) bin ich zu dem Schluss gekommen, dass der Tafelanschrieb nur sehr gezielt und sporadisch erfolgen sollte, weil er die Aufmerksamkeit ansonsten geradezu vernichtet. Heute sage ich den Erstsemestlern explizit mehrfach, dass sie *nicht* mitschreiben, sondern lieber zuhören sollen, dass sie später anhand des Vorlesungsskriptes und der empfohlenen Lehrbücher nacharbeiten sollen. Und ich habe den Eindruck, dass dieses Konzept größere Früchte trägt.

Früher erhielt ich typischerweise Zwischenfragen wie „Soll der Buchstabe da ganz links in der zweiten Zeile ein ‚f' oder ein ‚t' sein?" oder „Was soll ‚sin' bedeuten?" (der Sinus sollte seit der Mittelstufe bekannt sein), Fragen, die eher auf das vollständige Abschalten des Gehirns bei den Studierenden schließen lassen. Heute lassen die nun üblichen Fragen eher erkennen, dass jemand mitgedacht hat, aber einen Zusammenhang noch nicht ganz versteht. „Warum wird dort nicht nur von 0 an über die Zeit integriert, sondern von minus Unendlich, obwohl der Vorgang doch erst beim Zeitnullpunkt einsetzt?", „Warum wird der Apfel durch den hydrostatischen Auftrieb nicht vollständig aus dem Wasser gehoben?" Auf solche(n) Fragen kann man aufbauen und versuchen, die Lernenden an den Punkt zu führen, an dem sie sich selbst diese Frage beantworten können.

Aber was mache ich als Dozent nun eigentlich anders?

Zunächst einmal bedeutete es für mich einen großen innerlichen Schritt, von dem Credo des immerwährenden Tafelanschriebs abzurücken. Und dabei half mir ein von mir sehr geschätzter, altgedienter Kollege, der mir eines Tages davon berichtete, dass er in den Vorlesungen eigentlich nur vorbereitete Overheadfolien auflegte, die den Studierenden als File im Paket zur Verfügung gestellt worden waren, und anhand dieser Folien Zeile für Zeile Zusammenhänge und auch mathematische Herleitungen erklärte. Wichtig wäre es, sich für jede Zeile Zeit zu lassen und nicht den Stoff herunterzurattern. (Der Tafelanschrieb hat den Vorteil, dass ein Herunterrattern des Stoffs unmöglich ist.)

Diese Erkenntnis aus erfahrenem und geschätztem Munde half mir, alte gedankliche Ketten zu sprengen und neu nachzudenken. Natürlich war ich der Meinung, dass ich es noch besser machen könnte als der Kollege und dass seine Vorliebe für den Overheadprojektor aus Gewohnheit und Unkenntnis über die Möglichkeiten des damals gerade neu aufkommenden Beamers resultierte. Also erstellte ich Skripte – angepasst an die Möglichkeiten im Umfeld des Beamers: mit wenig Text und wenigen Aussagen pro Seite.

Aber ich musste sehr bald erkennen, dass das bloße Projizieren an die Wand, ggf. unterstützt durch Führung der Blicke mit einem Laserpointer-Leuchtpunkt, nicht den gewünschten Erfolg hatte. Gerne hätte ich – während der Vorlesung – Markierungen unter den Augen der Studierenden ergänzt, was in den Anfangstagen des Beamers noch nicht möglich war. Hier hatte der erfahrende Kollege mit seinen Overheadfolien echte Vorteile, denn er konnte diese Ergänzungen während der Vorlesung direkt auf den Folien an den richtigen Stellen vornehmen: Unterstreichungen, Nebenrechnungen, Zeichnungen ..., eben das, was man braucht, um über Verständnisklippen hinwegzuhelfen.

Deswegen wechselte ich an vielen Stellen von der Beamerprojektion zurück auf Folien und umgekehrt, was aber zu zu viel Unruhe führte. Die Studierenden wurden abgelenkt, weil ständig entweder der Beamer dunkelgetastet und der Overheadprojektor angeschaltet werden musste oder umgekehrt und weil ich andauernd zwischen den Geräten oder ihren Schaltkästen umherlaufen musste. Den Teufel mit dem Belzebub ausgetrieben!

Eine wirkliche Verbesserung durch den Beamer ergab sich erst mit neuer Software, z. B. PDF Annotator^{TM}, mit der in dem projizierten PDF-File während des Vortragens Änderungen eingebracht werden können. Dazu werden diese Änderungen direkt auf das Display eines geeigneten Tablet-PCs geschrieben, der mit dem Beamer verbunden ist. Diese Konstellation hat letztlich die von mir gewünschten Möglichkeiten gebracht.

Dass dies den erwünschten Erfolg hatte, zeigten die regelmäßigen Vorlesungsumfragen am Ende der Semestervorlesungszeit. Zunächst hatte ich mit Beamer statt Tafelanschrieb die Studierenden nicht besser erreichen können, so dass der Beamer abgelehnt wurde und die Kritiken harsch ausfielen. Von den gerade genannten Möglichkeiten hatten die Studierenden etwas, und die Kritiken fielen überwiegend positiv aus.

3.2 Der Mittelweg

Nun könnte man aus den obigen Äußerungen schließen, dass man ab sofort immer die Variante „Beamer plus geeignete Software für *Real-Time*-Notizen" wählen sollte. Aber dem ist nicht so. Schon die heute gewünschte Vielfalt, von der im Vorwort die Rede war, erfordert einen gewissen Wechsel dort, wo es inhaltlich Sinn macht, z. B.:

- Overheadfolien, wenn Bemaßungen gebraucht werden (auf einer Folie kann man genauer zeichnen als auf einem Tablet-PC).
- Zeichnungen und Schrifttext an der Tafel, wenn z. B. eine Einordnung in Kategorien vorgenommen und dann mit Hand, Zeigestock oder Gesten der Betonung auf einen Zusammenhang hingewiesen werden soll – schon durch

diese andere Art der Darstellung wird der Inhalt herausgehoben und betont.

- eine Animation, die nicht in das beamerprojizierte Skript-File eingebunden ist, sondern extra projiziert wird.

Bisher war im Wesentlichen von Tafel, Overheadprojektor und wohldosierter Beamerprojektion eines Skript-Files die Rede. Natürlich gibt es weitere Möglichkeiten, wie die schon erwähnte Beamerprojektion einer Animation, einen Schauversuch im Hörsaal oder die Vorführung einer Filmsequenz. Wo es sinnvoll ist, können selbstverständlich auch sie eingesetzt werden. Die Kriterien sollten sein:

- Vielfalt/Vielfältigkeit in der Darstellung ist hilfreich.
- Zu viel Vielfalt ist schädlich, vielleicht sollte also statt von „Vielfalt" eher von „Mehrfalt" die Rede sein.
- Die Methode sollte dem Zweck angepasst sein, der erreicht werden soll: Eine Filmsequenz oder eine Animation kann z. B. sinnvoll sein, wenn es um Bewegungen oder Fahrten durch verschiedene Perspektiven geht, aber nicht wenn es um einen Versuch geht, den man „live" authentischer vorführen könnte.

3.3   (Neue) Medien

Sind die beiden oben genannten Regeln „Vielfalt in der Darstellung ist hilfreich" und „Zu viel Vielfalt ist schädlich" nicht ein Widerspruch oder zumindest eine Gratwanderung? Ersteres nein, Letzteres ja!

Leitlinie für die Nutzung neuer (und alter) Medien sollten immer folgende Fragen sein: „Liefert das Medium in diesem inhaltlichen Zusammenhang einen Vorteil für die Darstellung? Gibt das Medium einen Mehrwert, der ohne es nicht erreicht werden könnte?" Nur wenn diese Fragen positiv zu beantworten sind, sollte man das Medium einsetzen.

Zum Beispiel können dreidimensionale Gebilde und Bewegungsabläufe im dreidimensionalen Raum in einer Vorlesungs- oder Unterrichtsstunde anschaulich gemacht werden, indem ein realer Versuch durchgeführt wird. Schwieriger ist dies aber selbstverständlich, wenn die Anordnung nur zweidimensional (auf einer Folie, der Tafel, mit einer Projektion auf die Wand) dargestellt werden kann (z. B. bei einem Aufbau zur Radioaktivität, wofür bei einem Vorlesungsversuch ein erheblicher Sicherheitsaufwand getrieben werden müsste). In dieser Situation helfen Animationen (kurze Videosequenzen), bei denen die Gebilde gedreht werden. Dann haben die Gehirne eine Chance, sich die Dreidimensionalität der Anordnung vorzustellen.

Ein anderes Beispiel dafür, wo neue Medien helfen können, ist die Kommunikation zwischen der Dozentin / dem Dozenten und der Zuhörerschaft. Man kann als Dozent/in ein Dutzend Mal sagen, dass alles gefragt werden darf und keine Frage übel genommen wird, ein bis zwei Drittel der Studierenden oder Schüler/innen wird/werden sich niemals trauen, während der Vorlesungs- oder Unterrichtsstunde eine Frage zu stellen oder sich auf Fragen der Dozentin / des Dozenten zu melden und zu antworten. Anonyme *Voting Tools* (Systeme für anonyme Umfragen/Abstimmungen unter Studierenden) können hier helfen.

Zum Beispiel kann eine *Multiple-Choice*-Frage gestellt werden, die dann von allen Zuhörerinnen/Zuhörern per Knopfdruck beantwortet wird (wie beim Publikumsjoker im Fernsehen). Die Dozentin / der Dozent erhält so eine Rückkopplung, wie viel schon angekommen ist und ob sie/er einen Zusammenhang besser noch einmal erläutern sollte. Hilfreich ist auch ein „Panikknopf", der so eingestellt ist, dass die/der Lehrende ein Signal erhält, wenn mehr als die Hälfte der Zuhörerschaft gleichzeitig den jeweiligen Knopf aktiviert, weil sie gerade gar nichts versteht. Denn so kann verhindert werden, dass sich zu viel Frustration über Unverstandenes ansammelt. – Aber der Aufwand, solche *Voting Tools* zu betreiben, zu warten, geeignete *Multiple-Choice-*Fragen vor der Stunde vorzubereiten, ist leider (noch) hoch.

3.4   Fazit

- Es gibt nicht die eine Methode, mit der gute Lehre funktioniert!
- Oft hängt die beste Methode vom Thema ab, was die Arbeit der Dozentinnen/Dozenten noch schwieriger macht.
- Der Tafelanschrieb ist mit großer Vorsicht zu genießen! (Sehen Sie dazu bitte auch Kap. 12!)
- Die neuen Medien sind als Lehr- und Lernhilfen nicht per se besser als herkömmliche Maßnahmen. Für bestimmte Aufgaben sind sie vorteilhaft. Aber sie können bei anderen Aufgaben sogar vom Wesentlichen ablenken: Beschäftigungstherapie ohne Lernerfolg.
- Vielfalt kann zu viel sein. Einfalt ist schlecht. Mehrfalt ist meistens der beste Weg!

4

Projektarbeit, das wär's ...

... eigentlich: Projektarbeit wäre sinnvoll, ist aber oft nicht sinnvoll möglich.

4.1 Definition der Projektarbeit

Unter Projektarbeit sei hier die Arbeit zur Lösung einer mehr oder weniger isolierten, aber *nicht geringfügigen* Fragestellung verstanden: das Erkennen des Problems, Überlegungen zu Lösungsmöglichkeiten, die experimentelle und theoretische Evaluation dieser Möglichkeiten, die Wahl einer bestimmten Methode oder einer Kombination, die Verifikation oder Falsifikation des Ansatzes, die Einordnung der Ergebnisse. In diesem Sinne ist die Lösung einer mathematischen Aufgabe keine Projektarbeit, auch wenn sie Aspekte davon enthält.

Im Prinzip kann Projektarbeit im Schul- oder Hochschulumfeld auch von einer Einzelperson durchgeführt werden. Aus meiner Sicht wird Projektarbeit aber umso sinnvoller,

© Der/die Autor(en), exklusiv lizenziert durch Springer-Verlag GmbH, DE, ein Teil von Springer Nature 2021
H. Fouckhardt, *Lehren und Lernen – Tipps aus der Praxis*,
https://doi.org/10.1007/978-3-662-63200-0_4

wenn zwei bis vier Schüler/innen oder Studierende gemeinsam an der Aufgabe arbeiten. Dann können sie in der Diskussion miteinander Ideen generieren, ihre Ansätze untereinander in Frage stellen, Korrekturen vornehmen und gemeinsam lernen. Voraussetzung dafür ist oft, dass die Beteiligten ähnlich in ihrem Vorwissen, Können und Engagement sind, sonst wird einer die Gruppe dominieren oder ein anderer sich nur anhängen.

Im obigen Sinne gibt es viele Arten von Projektarbeit, z. B.:

- Praktika, wenn die Praktikantinnen/Praktikanten eine eigene Aufgabe bekommen und nicht nur „alte Rezepte nachkochen",
- Miniaturforschung (,,forschendes Lernen") [HUB09, HUB14], d. h. kleine Forschungsaufgaben, die an einigen wenigen Tagen abgewickelt werden können, plus der dazu gehörigen Auswertung und Evaluation,
- eine Messreihe, selbstständig geplant, durchgeführt und ausgewertet,
- die Erstellung einer Videoaufnahme von einem Versuch im Bereich Mechanik/Kinematik (z. B. zum schiefen Wurf) und die Auswertung der Abhängigkeiten bestimmter physikalischer Größen (z. B. der Höhe des geworfenen Gegenstands als Funktion der Zeit) aus diesen Videoaufnahmen.

4.2   Der Wert von Projektarbeit

Einerseits ist es natürlich wichtig, schwierige Zusammenhänge in einer sinnvollen Reihenfolge darzustellen (wobei es dafür oft nicht nur eine einzige Möglichkeit gibt). Bevor man als Dozent/in z. B. die schon erwähnte physikalische Größe „Drehmoment" einführt, ist es nicht nur hilfreich, sondern unbedingt erforderlich, den Begriff der „Kraft" schon behandelt zu haben. Andererseits führt eine bestimmte Reihenfolge – als lineare Abfolge von Gedanken und Begründungen – bei Detaildarstellungen auch leicht dazu, die Querverzweigungen und weitere Zusammenhänge zu übersehen.

Hiergegen kann Projektarbeit, wie in Abschn. 4.1 definiert, helfen. Insbesondere ist dabei wichtig, dass ein gut definiertes Projekt noch genügend Möglichkeiten für falsche Ansätze, systematische Fehler und Irrwege enthalten muss. Die Aufgabe darf daher nicht zu eng gestellt werden. Die Schüler/innen und Studierenden sollen z. B. selbst herausfinden, dass der Luftzug der Klimaanlage die Schwingungsdauer eines Pendels, welches das Corpus Delicti darstellen mag, verändern kann. Oder sie sollen selbst erkennen, dass die wackelnde Aufhängung einen Einfluss hat, ohne dass ihnen vorher mitgeteilt wird, dass die Aufhängung wackelt.

Insofern geht Projektarbeit über typische Haus-/Übungsaufgaben weit hinaus. Lehrende legen Hausaufgaben sehr detailliert fest und schließen bestimmte Nebeneinflüsse explizit aus; Spielraum in den Eigenheiten des Problems gibt es nicht. Demgegenüber sollte es gerade ein Ziel der Projektarbeit sein, dass die Lernenden erkennen, wie zunächst für unwichtig gehaltene Randbedingungen doch einen Einfluss haben.

Und umgekehrt kann ein in der Aufgabenstellung explizit ausgeschlossener Lösungsweg die Schüler/innen und Studierenden zu neuen Wegen animieren. In diesem Zusammenhang erinnere ich mich noch gerne an eine Aufgabenstellung, die Mitstudenten und ich als Student in einem physikalischen Praktikum erhielten: Wir sollten einen Zusammenhang zwischen zwei physikalischen Größen experimentell ermitteln und zwei Integrale über die gefundene Funktion miteinander vergleichen – *ohne zu rechnen*! Die Aufgabe war überaus sinnvoll; denn häufig bekommt man experimentell eine Messkurve heraus, die sich nicht als eine der üblichen Standardfunktionen darstellt, so dass man die Funktion gar nicht einfach angeben könnte, wenn man denn rechnen wollte.[1] Einer von uns kam auf die Idee, die Flächen unter den auf Papier gezeichneten Messkurven mit einer Schere auszuschneiden und mit einer Mikrogramm-waage abzuwiegen. Wir mussten nur darauf achten, dass die Blätter, auf denen wir die Kurven zeichneten, aus gleich starkem/dickem/schwerem Papier gemacht waren und dass wir bei den Diagrammen dieselbe Skalierung verwendeten. Auch die Erkenntnis über diese Voraussetzungen war Teil des Lernerfolgs. In diesem Moment habe ich begriffen, was Integrieren *wirklich* bedeutet – mehr, als es die gut gemein-ten Ansprachen des Dozenten oder Betreuers jemals hätten erreichen können. Das macht den Wert von Projektarbeit aus.

Sinnvolle Projektarbeit heißt also Eigenverantwortung der Schüler/innen oder Studierenden. Eine sinnvolle Pro-jektarbeitsaufgabe zu stellen, ist schwierig, weil der für die Arbeit zur Verfügung stehende Zeitraum gegen die mögli-chen Irrwege und Lösungsmöglichkeiten abgewogen werden muss. Es sollen ja einerseits nicht zu wenige Möglichkeiten existieren. Andererseits soll die Aufgabe in dem vorgegebe-nen Zeitraum durchaus lösbar sein, um den Lernerfolg und auch das Anhalten der Motivation zu gewährleisten.

4.3   Hindernisse für Projektarbeit

Projektarbeit setzt in hohem Maße voraus, dass die Schüler/innen oder Studierenden zu der betreffenden The-matik bereits ein erhebliches Maß an Vorwissen und auch an Fertigkeiten/Methodenkenntnissen haben. Zum Beispiel

---

[1] Eventuell könnte man versuchen, eine Potenzreihenentwicklung vorzunehmen und so einen Fit an die gemessene Funktion zu legen; aber diese Möglichkeit sei hier ausgeschlossen.

macht eine Projektarbeit zu dem Schwingungsverhalten eines Pendels keinen Sinn, wenn die Teilnehmer/innen noch nicht wissen, was eine Bewegungsgleichung ist und wozu sie gut ist, wie man aus der Ortsfunktion über der Zeit die Funktionen für die Geschwindigkeit und die Beschleunigung über der Zeit gewinnt.

Jürgen Klinsmann, der damalige Nationaltrainer der US-amerikanischen Herren-Fußball-Nationalmannschaft, wurde in den USA 2014 teilweise scharf kritisiert, weil er die Möglichkeit des Gewinns der Weltmeisterschaft durch die US-Mannschaft von vornherein ausschloss. Dieses Vorgehen widersprach dem amerikanischen Credo „We can do it!". Aber Klinsmann beharrte auf seiner Einstellung, weil unrealistische Ziele eine falsche Herangehensweise nach sich ziehen, die Verbesserung behindern sowie Frustration und Demotivation hervorrufen. Natürlich sollte man sich durchaus *sehr hohe* Ziele setzen, wenn man *hohe* Ziele erreichen will, aber *zu hohe* Ziele können auch das Gegenteil bewirken, wie Klinsmann wusste.

In einer Projektarbeit einen neuen physikalischen Effekt zu entdecken, ist ein unrealistisches Ziel, das den Wert der Projektarbeit vernichtet. In einer Woche einen neuen Lasertyp zu entwickeln, ist ein zu hohes und daher kontraproduktives Ziel. Wohldosiert müssen Aufgabe und Lösungsmöglichkeiten sein, wenn die Projektarbeit erfolgreich sein soll. Und mit „erfolgreich" ist hier nicht die Erzielung eines bestimmten wissenschaftlichen Ergebnisses, sondern der Lernerfolg gemeint.

Eine andere wichtige Voraussetzung für erfolgreiche Projektarbeit wird von geeigneten Arbeitsmöglichkeiten gebildet. Projektarbeit in Dreiergruppen in einem vollen Hörsaal mit 300 Leuten wäre selbst dann nicht sinnvoll, wenn die „Projektarbeit" nur darin bestünde, einen Kurvenverlauf durch eine Potenzreihe zu nähern: Die Ruhe fehlt; die Möglichkeit, einige Bücher zu konsultieren, ist wahrscheinlich nicht gegeben. Und für eine Projektarbeit im Labor müssen die Studierenden die wichtigsten Gerätschaften schon kennen, um damit sinnvoll arbeiten zu können. Die Gerätschaften müssen zugänglich und verfügbar sein. Die Dozentin / der Dozent kann z. B. nicht erwarten, dass sich die Studierenden selbstständig eine teure Hochgeschwindigkeitskamera beschaffen oder auch nur ausleihen.

Ich erinnere mich ungern an einen Vorgesetzten (er hielt sich für einen großen Motivator), der immer wieder betonte, es sei ihm völlig egal, wie wir etwas machten, wenn wir es nur machten, und er gäbe uns jede Freiheit dazu. Und die Ziele, die er setzte, erinnerten mich an Aufgaben wie „Springen Sie 6 m hoch, aber ohne Stab!", also weit weg von jedem Realismus. Und solche Form der Motivation verfehlt ihr Ziel und verkehrt sich ins Gegenteil. Vorgesetzte haben nicht nur die Aufgabe, geeignete Arbeitsbedingungen zu schaffen, sondern auch, sinnvolle Aufgaben zu stellen. Dasselbe gilt für Lehrende an Schulen und Hochschulen.

4.4   Kompetenz oder Wissen?

Mit Recht wird von vielen Didaktikerinnen/Didaktikern mindestens in den letzten zehn Jahren immer mehr gefordert, Lehre auf sinnvolle Kompetenzen auszurichten. Denn die Lösung einer schwierigen Aufgabe hat mit vielen Fähigkeiten zu tun: Teamfähigkeit, Aufgabenteilung, Fähigkeit, schnell an richtige Informationen zu kommen, Abstraktionsvermögen und Analyse des Problems, Erstellung eines Lösungsplans inkl. Auswahl geeigneter Methoden und vieles mehr. Das bloße Einsetzen von Zahlen in Formeln und vielleicht noch das Umstellen der Formel kann nicht genug sein, um Kompetenzen zu erlangen. Insofern haben Dozentinnen/Dozenten und ihre Mitarbeiter/innen eine große Verantwortung bei der Auswahl von Übungsaufgaben. Zumindest sollten Letztere oft in einen Alltagskontext eingebettet sein, um die Motivation zu wecken und um die Fähigkeit zur Analyse der Situation zu fördern.

Aus dieser Sicht wäre Projektarbeit das Mittel der Wahl – eine große Aufgabe in einem Team von zwei bis vier Leuten lösen, mit experimentellen und theoretischen Anteilen, mit Aufarbeitung und klarer Darstellung der Ergebnisse mit heute üblichen Methoden. Bei typischen Anfängerzahlen von 80 bis 450 Studierenden bei drei bis fünf Betreuerinnen/Betreuern ist dies aber ein Wunschdenken und im besten Fall höchstens einmal exemplarisch durchführbar. Ich habe zwar schon gegenteilige Meinungsäußerungen gehört, aber ausschließlich von Leuten, die ihre gut gemeinten Methoden noch niemals an einer Gruppe von mehr als 30 Studierenden ausprobiert hatten (wie sie mir ehrlicherweise zugaben).

Ein aus meiner Sicht sehr wichtiger Aspekt soll hier aber auch erwähnt werden. Kompetenzförderung ist nicht das Allheilmittel. Kompetenz setzt auch immer Wissen über Fakten und Methoden voraus. Die prinzipielle Kompetenz, etwas klar und schlüssig darzustellen, läuft ins Leere, wenn die inhaltlichen Zusammenhänge der Problematik, über die vorgetragen wird, von den Lernenden bisher noch nicht erkannt worden sind. Insofern ist auch und vorab die Aneignung von Faktenwissen und Methodenkenntnis unerlässlich. Und das macht nicht immer nur Spaß. Das ist harte Arbeit. Da muss man durch. Und Lehrende sollten sich nicht scheuen, das von Lernenden einzufordern.

4.5 Beaufsichtigtes Selbstlernen
(der kleine Bruder der Projektarbeit, in Maßen einzusetzen)

Peer-reviewed Learning oder *Peer Instruction* (die Studierenden untereinander als *Peers,* d. h. Gleichrangige) ist u. a. ein Kind des kanadischen Professors Eric Mazur. Er führt in seinem Buch [MAZ97] aus, was er darunter versteht, wie vorzugehen ist, welche Vorarbeiten zu leisten und wie Lerneinheiten durchzuführen sind. In Kurzfassung formuliert, geht es darum, dass schon in einer Vorlesung kleine Diskussionsgruppen zu einer Fragestellung gebildet werden. Vertreter/innen der Gruppen tragen dann das Ergebnis einiger Gruppen vor. Die Dozentin / der Dozent kann korrigieren oder Ergebnisse hervorheben. Die Idee, die dahintersteckt, ist meines Erachtens die Idee der Projektarbeit – übertragen auf eine Vorlesungssituation.

Eine Variante davon wird unter der Abkürzung POE (*Predict, observe, explain* = sage voraus, beobachte, erkläre) geführt. Damit ist Folgendes gemeint: Die Dozentin erklärt z. B. einen Versuchsaufbau und, was sie damit anschließend gleich machen möchte. Dann sollen die Studierenden sich überlegen und dies auch in den Raum stellen, was wohl passieren wird. Danach wird der Versuch durchgeführt und beobachtet. Anschließend soll erklärt werden, warum der Versuchsausgang vielleicht ein ganz anderer war als ursprünglich angenommen.

Ich habe diese Technik als sehr vielversprechend empfunden – gerade vor dem Hintergrund von Anfängervorlesungen mit vielen Zuhörern (80 bis 450). Die (vielleicht nicht ausreichend systematisch angelegten) Versuche von mir, diese Technik anzuwenden, waren dann aber sehr ernüchternd. Bei deutlich mehr als 50 Zuhörerinnen/Zuhörern kommt sofort eine erhebliche Unruhe infolge mangelnder Konzentration auf, die der Sache abträglich ist. Und nicht wenige der Studierenden nehmen solche Fragestellungen sofort zum Anlass, sich mental erst einmal auszuklinken, was man an der Körperhaltung sofort erkennt.

Es existieren positiv zu bewertende Aktivitäten, die als *Peer-reviewed Learning* firmieren. Letztlich handelt es sich bei einem Teil davon aber um die Anwendung von *Voting Tools*.

Aber der vielleicht wichtigste Einwand ist, dass die Leute sich inhaltlich auf die Vorlesung *vor*bereitet oder in der aktuellen Doppelstunde bis dahin das meiste aufmerksam verfolgt und verstanden haben müssen, um mit so einer Fragestellung sinnvoll und gewinnbringend für sich umgehen zu können. Diese freiwillige Vorbereitung auf eine Vorlesung habe ich in meinen vielen Dienstjahren nur im Einzelfall erlebt.

Peer-reviewed Learning könnte im Prinzip in fortgeschrittenen Vorlesungen mit Zuhörer/innen-Zahlen zwischen zehn und 30 etwas bringen. Aber hier ist es nicht unbedingt notwendig, weil die/der Lehrende andere Möglichkeiten hat, mit der Zuhörerschaft in Kontakt zu treten, mit ihr in eine Diskussion einzutreten und sie zum Mitmachen zu animieren.

4.6   Fazit

- Viel mehr Projektarbeit wäre sinnvoll, ist aber wegen zu geringer Betreuungsverhältnisse oft nicht sinnvoll möglich.
- Jede Aufgabe für eine Projektarbeit muss sehr wohl überlegt und dosiert sein: schwierig und interessant, aber in der vorgegebenen Zeit machbar. Es sollte nicht zu viel vorgegeben werden, aber auch nicht zu wenig. Sackgassen sind zu ermöglichen; von ihnen können die Studierenden viel lernen.
- Das Erlernen und Einüben vielfältiger Kompetenzen sind wichtig. (Das bloße Hin- und Herschiebenkönnen von Größen in einer Formel ist eindeutig zu wenig für Natur- oder Ingenieurwissenschaftler/innen.)

- Aber die Kompetenzen nützen nichts, wenn keine Basis an Wissen, Methodenkenntnissen und fachlichem Verständnis von Zusammenhängen vorhanden ist. Nicht jeder Mensch, der toll reden kann, hat auch etwas zu sagen!

5

Eine Vorlesung liefert Unbe-schreib-liches

Achten Sie auf Bemerkungen, die nicht in Büchern stehen!

5.1 Ein Buch

In zunehmendem Maße erwarten Studierende, dass ihnen in den Vorlesungen alles bereitgestellt und nahegebracht wird, was sie zum Verständnis und zur Verinnerlichung des Stoffs brauchen – *Full Service*. Bis vor ca. zehn Jahren noch war es fast selbstverständlich, dass sich die Studierenden die in den Vorlesungen empfohlenen Bücher kauften, um damit zu arbeiten und zu „studieren". Heute – so sagt man mir in der schon mehrfach ausgezeichneten Buchhandlung auf dem Uni-Campus – kaufen nur noch ca. 20 % der Studierenden diese Bücher.

Das liegt an zwei Gründen: Zum einen ermöglichen einige Verlage den kostenlosen, legalen Download von Lehrbüchern (auch neuerer Auflagen), die schon länger auf dem Markt sind. Zum anderen hat ein Teil der Studierenden

H. Fouckhardt, *Lehren und Lernen – Tipps aus der Praxis*, https://doi.org/10.1007/978-3-662-63200-0_5

gar nicht mehr vor, die Bücher zu lesen und mit ihnen zu arbeiten.

Von diesen gar nicht wenigen Studierenden wird der Sinn darin, sich den Stoff eines Buchs zu erarbeiten, nicht erkannt, der Zeitaufwand dafür als zu groß, die Arbeit damit als zu mühselig erachtet. Der in den Vorlesungen dargebrachte Stoff soll so „handlich" sein oder zumindest so herübergebracht werden, dass ein Nacharbeiten gar nicht notwendig ist. Dabei wird nicht gesehen, dass erst durch das eigenständige „Erarbeiten" des Stoffs ein Verständnis ermöglicht wird, das über bloßes Auswendiglernen hinausgeht.

5.2   Eine Vorlesung

Wenn für eine Vorlesung ein bestimmtes Buch und eventuell auch noch weitere Bücher empfohlen werden und wenn vielleicht sogar ein Skript existiert, könnte man auf die Frage kommen, wozu eine Vorlesung überhaupt noch notwendig ist.

Die Antwort ist: Es geht darum, eine konkrete Hilfestellung zur Erfassung des Stoffs und zur Verwendung und Interpretation der Buchtexte zu liefern. Zwar werden Lehrbücher heute so gestaltet, dass wichtige Sachverhalte oder Aussagen in Fettdruck oder vor farbigem Hintergrund gedruckt werden. Aber damit müssen die Studierenden erst einmal umzugehen lernen. Und anfangs begreift man vielleicht gar nicht, warum diese farbig hinterlegte Aussage so wichtig sein soll und was an dem einen Gedanken so besonders ist.

„Warum weist das Buch so penetrant darauf hin, dass die Kraft F nicht einfach das Produkt aus Masse m und Beschleunigung a ist (also $F = m \cdot a$, wie man es 100-mal in der Schule gesehen hat), sondern nach Newton die zeitliche Ableitung des Impulses p (also $F = \frac{d}{dt}p$)?" Der Grund liegt darin, dass Newton ein sehr schlauer Wissenschaftler war und auf diese Art und Weise auch gleich die Fälle mit eingeschlossen hat, bei denen sich die Masse im Laufe der Zeit ändern kann (heute z. B. bei Raketenstarts durch Abbrand des Treibstoffs, bei Schüttvorgängen bei fahrenden Zügen); denn nach der Produktregel für Ableitungen ist:

$$F = \frac{d}{dt}p = \frac{d}{dt}(m \cdot v) = m \cdot a + \frac{dm}{dt} \cdot v \qquad (5.1)$$

mit der Geschwindigkeit v. Es kommt also aufgrund der veränderlichen Masse ($m \neq$ constant) noch ein Term ($\frac{dm}{dt} \cdot v$) hinzu; ihn nicht zu vergessen, rechtfertigt den farbigen Hintergrund.

Ein Dozent ist somit quasi ein Conferencier, der das Publikum durch das Programm führt, und ich meine das überhaupt nicht abschätzig.

Ein wichtiger Aspekt kommt hinzu: Manchmal ist den Studierenden mit einem Vergleich oder einer Analogie oder einer extremen Vereinfachung geholfen, über die Schwelle zum Verständnis zu kommen. Aber dieser Vergleich, diese Analogie oder diese Vereinfachung ist vielleicht so grob, dass die Dozentin / der Dozent sie niemals in ein Skript oder ein Lehrbuch schreiben würde, um nicht von Kolleginnen/Kollegen deswegen kritisiert zu werden.

5.3   Fazit

- Das Durcharbeiten von Büchern ist wichtig für das Erfassen von Zusammenhängen. Durcharbeiten bedeutet wesentlich mehr als nur Lesen (womöglich noch oberflächlich). Durcharbeiten ist Vor- und Zurückblättern, wenn man etwas nicht versteht, noch ein zweites oder gar drittes Buch zu der problematischen Thematik zu konsultieren oder andere Leute zu fragen, wie sie diese Textpassage verstehen. Es sind kleine Rechnungen, um eine Formel zu „erfassen". Das ist Arbeit! Aber nur so kommt man zum Mond und scheitert nicht schon an der geschlossenen Haustür!

- Vorlesungen sind Hilfe zur Selbsthilfe (zum Selbstlernen). Kleine Zusatzbemerkungen, schräge Analogien, witzige Vergleiche, die in keinem Buch stehen, können das Verständnis erleichtern.
- Allerdings müssen die Studierenden diese Zusatzbemerkungen auch zu hören bereit sein!

6

Probleme lösen lernen, Techniken erwerben, üben

Die Suche nach dem Weg des geringsten Widerstands ist der schlechteste Ansatz zum Studieren.

6.1 Was macht Erfolg aus?

Abgesehen von vielen Zufällen, die darüber entscheiden, ob man mit der richtigen Idee am richtigen Ort im richtigen Zeitfenster ist, hat es meiner Meinung nach mit fünf Aspekten zu tun, ob ein Mensch *großen* Erfolg bei einer *nicht zu banalen* Tätigkeit erlangt – in folgender Reihung mit abnehmender Wichtigkeit:

1. Übung (Transpiration),
2. Talent und Begeisterungsfähigkeit für die bewusste Sache, damit der Fleiß und die Bereitschaft zum Üben bereitwillig aufgebracht werden (Inspiration Teil 1),

© Der/die Autor(en), exklusiv lizenziert durch Springer-Verlag GmbH, DE, ein Teil von Springer Nature 2021
H. Fouckhardt, *Lehren und Lernen – Tipps aus der Praxis*,
https://doi.org/10.1007/978-3-662-63200-0_6

3. Kreativität und Mut, um Neues auszuprobieren und auch für sich selbst die Begeisterungsfähigkeit zu erhalten (Inspiration Teil 2),
4. praktische und emotionale Intelligenz, d. h. die Fähigkeit, die Erkenntnisse den Entscheidungsträgerinnen/-trägern in einem geeigneten Kontext auf einladende Art zu vermitteln, sie von der eigenen Sache zu begeistern,
5. allgemeine Intelligenz.

Auffälligerweise ist die allgemeine Intelligenz ganz hinten angeordnet.

Lewis M. Terman, ein Psychologieprofessor an der Stanford University, hat ein mehrbändiges Werk [TER26–59] mit dem Titel *Genetische Studien der Genialität* verfasst. Basis der Ausführungen waren Untersuchungen, die Terman über viele Jahre gleichzeitig an über 1400 Personen, beginnend in deren Kindesalter, durchgeführt hatte. Diese Personen waren nach einem mehrstufigen Intelligenzauswahltest identifiziert worden. Ihre Intelligenzquotienten (IQs) gehörten zu den allerhöchsten bekannten und reichten bis hinauf zu etwa 200 (Einstein hatte einen IQ von 150). (Übliche IQ-Tests fragen aber nur die allgemeine Intelligenz ab.)

Termans Arbeitshypothese war, dass letztlich der Intelligenzquotient über den Erfolg in Beruf und Leben entscheidet. Doch nach langer Forschung musste er erkennen, dass dem nicht so ist. Einige seiner Probandinnen/Probanden mit hohem IQ konnten sogar als Totalausfall gewertet werden. Viele waren in ihren Berufen erfolgreich; aber keine einzige / kein einziger hatte außergewöhnlichen Erfolg. Demgegenüber wurden zwei Personen in dem Auswahlverfahren von Terman zu Beginn aussortiert, die später sogar den Nobelpreis erhielten. Malcolm Gladwell beschreibt u. a. all dies sehr amüsant in seinem Buch *Überflieger* [GLA12].

Viel wichtiger als alle anderen Aspekte sind Übung sowie die Bereitschaft und die Gelegenheit dazu. Dies hat sicher mit

Talent und Begeisterungsfähigkeit zu tun und auch mit Kreativität und dem damit verbundenen Wunsch, immer wieder
neue Kombinationen des Bekannten auszuprobieren oder
auch etwas ganz anderes zu versuchen. Aber Übung bleibt
die wichtigste Zutat zum Erfolg. Sehr erfolgreiche Menschen
üben nicht erst, seit sie erfolgreich sind. Sie sind so erfolgreich, weil sie schon sehr lange sehr viel geübt haben.

6.2   Die 10.000-Stunden-Regel

Die Psychologen K. Anders Ericsson, Ralf Th. Krampe und
Clemens Tesch-Romer stellten Anfang der 1990er Jahre in
mehreren wissenschaftlichen Artikeln (u. a. [ERI93]) fest,
dass hauptsächlich die Gelegenheit und Zeit zum Üben darüber entscheiden, ob jemand eine hohe Expertise bei bestimmten Tätig- oder Fertigkeiten erwirbt.

Zwar ist es nicht möglich, ohne Talent Expertise zu erlangen; unmusikalische Menschen werden nicht Opernsän-
ger/innen werden können. Aber wenn Talent vorhanden ist,
ist Expertise noch überhaupt nicht garantiert. Auch dies wird
sehr anschaulich in dem schon erwähnten Buch *Überflieger*
von Malcolm Gladwell beschrieben [GLA12].

Verschiedene Autorinnen/Autoren sprechen von der
10.000-Stunden-Regel. Erst ab 10.000 h Übung kommt
man in die Nähe von Expertise. Und um sie zu steigern,
sogar nur um sie zu halten oder um Virtuosität zu erlangen,
muss ständig viel weiter geübt werden.

10.000 h entsprechen ca. fünf bis zehn Jahren, wenn man
bedenkt, was täglich an Zeit zum Üben übrig bleibt, wenn
man all die andere Zeit abzieht, die man zum Essen, Schla-
fen, für die Körperhygiene und eine typischerweise gegebene
andere Standardtätigkeit, wie den Schulbesuch, braucht.

Es dauert etwa 10.000 h oder fünf bis zehn Jahre, bis sich
Gehirn, Nervensystem und Muskulatur so extrem auf eine

Tätigkeit oder Fertigkeit eingestellt haben, dass eine hohe Expertise möglich und bei der Ausübung dieser Tätigkeit oder Fertigkeit ein großer Erfolg zu erwarten ist. Das gilt übrigens genauso für eine Pianistin wie für einen Fliesenleger. (Fliesenlegen kann nicht als banale Tätigkeit angesehen werden, wie ich mittlerweile aus eigener Erfahrung weiß.)

In meinen Erstsemestervorlesungen passiert es mir immer wieder, wenn ich mit einem neuen (schwierigen) Thema, z. B. Strömungsphysik, beginne, dass einzelne Studierende mehr oder weniger laut und demonstrativ die Beine hochlegen und beginnen, sich anderweitig zu beschäftigen. Mal abgesehen von der Unhöflichkeit ihren Kommilitoninnen und Kommilitonen sowie mir gegenüber, die wir uns konzentrieren wollen, hat dieses Verhalten noch einen anderen Aspekt. Wenn ich diese Leute anspreche, erhalte ich meist die Antwort, sie wüssten schon, dass sie diesen thematischen Stoff in ihrem Berufsleben niemals werden gebrauchen können, weil sie in eine andere Richtung gehen wollen. Diese Denkweise ist so unangebracht, wie man es nur einem 18-/19-Jährigen zubilligen sollte.

Zum einen gehen ca. 85 % unserer (naturwissenschaftlich-technischen) Absolventinnen und Absolventen in die Industrie. Dort dauern Produktzyklen heute typischerweise von drei Jahren bis hinunter zu drei Monaten, und der Weltmarkt zwingt die Firmen, sich ständig neu zu positionieren und zu definieren. Man kann also gar nicht wissen, ob man vielleicht drei Jahre nach der Einstellung bei einer Firma nicht doch die zuvor abgelehnte Thematik bearbeiten muss, möchte man seinen Arbeitsplatz behalten. Natürlich kann man den Stoff dann auch noch nacharbeiten. Aber es zeigt sich, dass die Hemmschwelle dafür groß ist, wenn man diesem Thema vorher nie ausgesetzt war. „Was Hänschen nicht lernt, lernt Hans nimmer mehr." Zu ernst sollte diese Weisheit unserer Vorfahren natürlich nicht genommen werden. Denken wir zum Beispiel an viele ältere Mitbürger/innen, die sich den Umgang mit Computern und Smartphones erschließen, obwohl sie diesen technischen Geräten in ihrem Berufsleben kaum ausgesetzt waren! Aber ganz von der Hand zu weisen ist dieser Satz auch nicht – eben wegen der inneren Hemmschwelle und vielleicht sogar wegen der Angst vor Neuem.

Zum anderen sollten weder Schul- noch Hochschulbildung noch sonstige (Aus-)Bildung nur das Ziel und die Aufgabe haben, den Schülerinnen/Schülern und Studierenden exakt diejenigen Fähigkeiten, Fertigkeiten, Kenntnisse und Kompetenzen zu erschließen, die sie, oberflächlich betrachtet, vermeintlich in ihrem Berufsleben brauchen – nicht mehr und nicht weniger. Leider wird dies durch verschiedene Seiten immer eindringlicher von den Schulen und Hochschulen gefordert. Meiner Ansicht nach sollten vielmehr Einblicke in Themenbereiche vermittelt und Techniken zum Umgang mit Problemen aus diesen Bereichen erschlossen werden.

Und zum dritten – und vielleicht ist das sogar der wichtigste Aspekt – muss man *üben, üben, üben, wobei es relativ egal ist, worum genau es in den Übungen geht!*

Die Einschätzung der oben erwähnten störenden Studierenden liefe darauf hinaus, dass ein angehender Instrumentalmusiker sagte: „Nein, Tonleitern übe ich nicht, weil ich später in Konzerten auch keine Tonleitern vortragen werde!" Aber die Tonleitern müssen geübt werden, um Fingerfertigkeit zu erlangen. Und mit den Fingern ist es dabei nicht getan. Die Bewegung der Finger beim Umschalten von einem auf einen anderen Ton, von einem auf einen anderen Griff muss für Gehirn, Nervensystem und Muskulatur zur Selbstverständlichkeit werden. Sie muss unterbewusst ablaufen können, um Schnelligkeit und Virtuosität zu ermöglichen.

Eine angehende Physikerin muss etliche Male Formeln nach bestimmten Größen aufgelöst haben um zu wissen, was für Sonderfälle dabei auftreten und wie sie gemeistert werden können. Sie muss etliche Male Formeln umgestellt haben, um eine quadratische Gleichung oder eine Differenzialgleichung wiedererkennen und sich an den Lösungsweg erinnern zu können. Sie muss etliche Male Lösungen für die üblichen Differenzialgleichungen gefunden haben, um bei einer etwas anderen Differenzialgleichung ein Repertoire an Möglichkeiten zu haben, eine Lösung zu suchen.

Die Tonleitern sind Voraussetzungen für das virtuose Spiel von Sonaten. Der Vietarische Wurzelsatz (heute pq-Formel genannt) wird gebraucht, um auf den Mond zu fliegen.

Einer der erwähnten Studierenden sollte beim Thema Strömungsphysik eben nicht abschalten, weil er später vielleicht an der Flüssigkeitskühlung für einen Computerchip arbeiten wird. Und selbst wenn nicht: Mit Aufgaben auch aus der Strömungsphysik kann er sein Gehirn trainieren.

6.3   Virtuosität nicht angestrebt?

Wenn ich bei Motivationsproblemen einiger Studierender in der Vorlesung Hinweise gebe, wie sie im vorhergehenden Abschnitt formuliert wurden, erhalte ich meistens von einigen die nur scheinbar coole Antwort, dass sie gar nicht virtuos werden wollen; ihnen reiche auch ein Job als…[1]. Und leider schließen sie aus diesem Gedanken, dass sie sich kaum Mühe geben müssen.

Auch hierbei liegen diese Studierenden falsch. Man darf nicht die Rechnung aufstellen: oberhalb 10.000 Übungsstunden Expertise und angehende Virtuosität, alles darunter zwar keine Virtuosität, aber immer noch sehr gute Expertise. Natürlich gibt es eine Staffelung. Jede Stufe des (gewünschten) Erfolgs setzt einen bestimmten Mindestaufwand voraus.

---

[1] Hier möchte ich extra keine Beispiele nennen, weil jedes falsch wäre.

Aber warum sollte man sich eine Erfolgsbegrenzung durch zu wenig Einsatz gleich zu Beginn der Ausbildung und Laufbahn selbst auferlegen? Das ist, als hörte man auf, mit einem Musikinstrument zu üben, bevor es jemals richtig Spaß gemacht hat, es zu spielen, und bevor man so gut ist, dass man auch anspruchsvolle, aber besonders lohnenswerte Stücke spielen kann.

Noch relativ leicht kann ich nachvollziehen, warum man in der Schule – so jung wie man ist – noch nicht begreift, wozu man das alles braucht, und warum man versucht, mit möglichst wenig Aufwand die Schule hinter sich zu bringen. Aber bei einem Studium, *das man selbst gewählt hat,* ist es unverständlich, wenn man nicht versucht, so viel wie möglich daraus zu ziehen. Das bedeutet beispielsweise:

- mehr Übungsaufgaben zu lösen zu versuchen, als man braucht, um gerade eben noch zur Klausur zugelassen zu werden,
- möglichst mehr Vorlesungen als vorgeschrieben zu hören,
- sich möglichst als Zuhörer/in in wissenschaftliche Vorträge zu setzen, selbst wenn man anfangs nicht allzu viel verstehen wird,
- während des Studiums einen Job als Hilfswissenschaftler/in anzunehmen, um in verschiedene Probleme hineinzuschnuppern und von den Erfahrungen der anderen zu lernen,
- sich schon frühzeitig um Berufsperspektiven zu kümmern, d. h. beispielsweise Veranstaltungen (Vorträge, Messen, ...) zu besuchen, in denen es auch um typische Aufgaben im Beruf geht.

Lean Study macht keinen Sinn. Ein „schlankes" Studium kann ja nur bedeuten, nicht nach links und nicht nach rechts zu gucken. Und das läuft dem Sinn und dem Ziel des Studiums entgegen. Man sollte sich dem Studium, dem Angebot der Fakultät, soweit es irgendwie zeitlich geht, so viel wie möglich „aussetzen". Bill Gates hat jede Programmieraufgabe, die ihm über den Weg lief, genutzt, um seine Fähigkeiten und Kenntnisse zu erweitern. So geht studieren, selbst wenn man am Ende damit zufrieden wäre, nicht der weltbeste Virtuose geworden zu sein.

Nun werden viele der heutigen Schüler/innen und Studierenden einwenden, dass die Curricula bei ggf. zwölf Schuljahren und einem Bachelor-/Masterstudium so „verschult" sind, dass kein Spielraum mehr bleibt, um nach links und nach rechts zu sehen. Aber das stimmt nicht ganz. Zum einen bieten auch die heutigen Curricula noch gewisse Spielräume (mehr wären wünschenswert). Und zum anderen ist auch die Frage, ob man bei den Pflichtveranstaltungen gerade so viel „übt", wie erforderlich ist, um mit möglichst wenig Zeitaufwand halbwegs durchzukommen, oder ob man sich mehr Mühe gibt.

Im englisch/amerikanischen Sprachraum wird Letzteres „die Extrameile gehen" genannt. Sollte man im Studium nicht versuchen, ein Fundament für den Beruf zu schaffen, auf das man dann so lange wie möglich aufbauen kann! Und darüber hinaus: Wenn man nie gelernt hat, die Extrameile zu gehen, wie wird es dann im Beruf klappen? Und die Firmen leben heute – bei globaler Konkurrenz – davon, dass Mitarbeiter/innen bereit sind, die Extrameile zu gehen, egal ob wir das gut finden oder nicht.

6.4 Mensaessen

Immer wieder hört man von einigen Studierenden oder einigen jungen Berufsanfängerinnen/-anfängern, dass das Einzige, was sie im Studium für ihre Berufstätigkeit gelernt hätten, die Gewöhnung an schlechtes Kantinenessen sei.

Man mag dies einfach nur als Witz auffassen und darüber schmunzeln.[2] Vielleicht ist es auch nur Wichtigtuerei. Aber wer so etwas ernsthaft sagt, hat einen zentralen Gedanken (der eben auch in diesem Kapitel ausgedrückt werden soll) nicht verstanden. Zum einen ist die Wahrscheinlichkeit, im Studium ganz konkrete Hilfen und Techniken für den Beruf zu erlernen, umso größer, je mehr man im Studium zu machen versucht – eigentlich ein ganz logischer Gedanke. Und zum anderen dient ein seriös betriebenes Studium, egal an welchen Problemen man sich müht, zum „Üben".

Ich möchte meinen Gedanken sogar so weit treiben, dass ich behaupte, Frau Dr. Angela Merkel hatte in ihrem Physikstudium (zumindest teilweise) genau das gelernt, was sie tagtäglich als Bundeskanzlerin braucht(e), nämlich

- Probleme in ihre Bestandteile zu zerlegen (zu analysieren),
- Gedankengänge logisch aufzubauen,
- Lösungswege zu ergründen,
- sich unter den gegebenen Bedingungen für einen Lösungsweg zu entscheiden.

Also: Setzen Sie sich dem Studium aus!

6.5 Fazit

- Erfolg hat ganz überwiegend mit sehr viel Übung zu tun!
- Kompetenz und Verständnis kommen nicht von alleine. Es macht nicht irgendwann „klick" und alles ist klar. Man kann nur auf viele kleine Klicks hoffen und auch nur dann, wenn man kontinuierlich arbeitet und übt.
- Scheinbar unwichtige Themen können im Berufsleben sehr wichtig sein. Aber selbst wenn dem nicht so wäre,

---

[2]In der Pfalz ist das Mensaessen aber ohnehin sehr gut!

sind sie schon deshalb wichtig, weil man damit sein Gehirn trainieren kann.

- Die Suche nach dem Weg des geringsten Widerstands ist der schlechteste Ansatz zum Studieren! Gehen Sie so viele Extrameilen wie möglich, um viel zu lernen, auf das Sie dann später aufbauen können!
- Wenn Sie sich für diese Extrameilen niemals begeistern können, könnte Ihr Studienfach für Sie ungeeignet sein.

7

Prüfungen sind doch wichtig

Nutzen Sie Prüfungsvorbereitungen, um Verknüpfungen herzustellen, die Ihnen sonst verborgen blieben!

7.1 Randbedingungen

Ideal wäre es, wenn die Lehrenden Zeit hätten, mit jeder/m einzelnen Studierenden häufig zu reden, sie/ihn von Anfang an unter Anleitung der anderen Arbeitsgruppenmitglieder in ihre Forschung einzubinden und sie so direkt an schwierige Problemstellungen heranzuführen. Bis in das erste Drittel des 20. Jahrhunderts hinein war das Physikstudium in Deutschland ähnlich organisiert. Es gab so wenige Studierende, dass jeder Anfänger einem Professor zugeteilt und in dessen Gruppe aufgenommen wurde. Man bewarb sich quasi bei diesem bestimmten Professor um einen Studienplatz. Danach hörte man durchaus auch viele Vorlesungen bei anderen Professoren, aber man blieb der einen Gruppe zugeordnet und konnte dort natürlich auch Fragen zu anderen

H. Fouckhardt, *Lehren und Lernen – Tipps aus der Praxis*, https://doi.org/10.1007/978-3-662-63200-0_7

Lehrveranstaltungen stellen. Durch die Zuordnung zu einer Gruppe entstand ein extrem gutes Betreuungsverhältnis.

Dies ist bei jährlichen Anfängerzahlen von deutlich mehr als dem Dreifachen der Professorenzahl kaum machbar. In deutschen Fachbereichen der Natur- und Ingenieurwissenschaften sprechen wir heute *grob* von jeweils 20 bis 30 Professorinnen/Professoren und jährlichen Anfängerzahlen zwischen 80 und vielleicht sogar mehr als 450.[1] Bei solchen Zahlen ist individuelles Beibringen des Stoffes im Normalfall nicht möglich.

Und es ist auch nicht möglich, in individuellen Gesprächen herauszufinden, inwieweit der Stoff verinnerlicht wurde. Daraus ergibt sich der Zwang zu formalisierten Prüfungen, typischerweise Klausuren.

7.2   Vergleichbarkeit

Vergleichbarkeit nach außen: Hochschüler/innen möchten überwiegenderweise, aufbauend auf dem im Studium erworbenen Wissen und den Fähigkeiten, Fertigkeiten und Kompetenzen, einen Beruf ergreifen. Die Firmen verlassen sich darauf, dass hinter einem bestimmten Abschluss auch mehr oder weniger einheitliches Wissen und Können stehen. Dies kann nur garantiert werden, wenn das Curriculum abgeprüft wird. Wir alle wissen aus Erfahrung, dass wir wahrscheinlich nicht so detailliert hingeschaut hätten, wenn wir uns keinen Prüfungen gegenübergesehen hätten. Die bevorstehende TÜV-Prüfung ist für uns alle doch immer wieder ein Ansporn, kleinere Reparaturen am Auto vornehmen zu lassen, die wir ansonsten noch eine Weile vor uns herschieben würden.

---

[1]Ich hatte als Dozent einmal 660 Studierende in der Vorlesung (zumindest nominell), aufgeteilt auf zwei Hörsäle, mit Videoübertragung aus dem einen in den anderen Hörsaal.

Vergleichbarkeit nach innen: Prüfungen und Prüfungs-ergebnisse erlauben den Studierenden aber auch selbst ihre Einordnung während des Studiums. Ein Student, der Prü-fungen immer nur gerade so besteht, sollte sich selbst oder jemand anderen um Rat fragen, was er falsch macht, wie er das Studieren für sich anders organisieren könnte oder ob dieses Studium für ihn wirklich die geeignete Ausbildung darstellt.

7.3 Der noch wichtigere Grund

Der wichtigste Grund für Prüfungen sind aber die Prüfungs-vorbereitungen. Zwar erinnern sich wahrscheinlich viele von uns daran, dass unsere Studentenbude nie sauberer war als unmittelbar vor wichtigen Prüfungen. Dann erschien uns sogar das Saubermachen attraktiver als das Lernen für die Prüfungen. Aber wenn wir ehrlich sind, erinnern wir uns auch daran, dass wir beim konzentrierten und ausführlichen Wiederholen und Lernen Verknüpfungen des Gelernten er-kannt haben, die uns vorher verschlossen geblieben waren, z. B. dass die Differenzialgleichung, die die Änderung der Temperatur in einer Materialprobe erfasst, dieselbe Form wie die Differenzialgleichung zeigt, die die Diffusion von Teilchen beschreibt. Temperatur „diffundiert" also, wie er-staunlich!

Mit solchen und ähnlichen Erkenntnissen können ver-schiedene Gebiete der Physik, die zunächst disjunkt erschei-nen, miteinander verknüpft werden. Erkenntnisse aus dem einen Gebiet können so auf ein anderes übertragen wer-den. Dieses Vorgehen macht einen wesentlichen Aspekt der Physik sowie aller Natur- und Ingenieurwissenschaften aus. Nicht umsonst versuchen die Physiker/innen u. a., mit einer einzigen „Weltformel" alle bekannten Wechselwirkungen zu beschreiben, also miteinander zu vereinigen.

Solche Erkenntnisse brechen sich ihre Bahn nur, wenn der Blick etwas erweitert, die Vogelperspektive eingenommen wird. Und das sollte für Studierende nun einmal dann der Fall sein, wenn sie in Prüfungsvorbereitungen stecken. Letztere machen also einen wesentlichen Teil dessen aus, was man „studieren" nennt.

Prüfer/innen können diese Chance natürlich unterstützen, indem sie viele Verständnisfragen stellen und weniger solche, bei denen man Einzelheiten auswendig gelernt haben muss. Das spricht sich unter den Studierenden schnell herum, und sie werden ihr Lernverhalten entsprechend anpassen.

Besonders lohnenswert erscheint in diesem Zusammenhang ein Fragentyp, der heute „Fermi-Fragen" genannt wird, weil Enrico Fermi (1901–1954), Physikprofessor an der Chicago University, mit Vorliebe solche Fragen stellte, bei denen keine genaue Antwort von ihm erhofft und erwartet wurde, sondern das Eindenken in das Problem, das Erfassen der relevanten Effekte und Randbedingungen, vernünftige Abschätzungen etc.

So könnte eine solche Frage z. B. lauten: „Ist eine Unterhaltung mit Personen auf einer Mars-Station von der Erde aus sinnvoll?"

Die Prüfungskandidatin müsste dann überlegen, wie weit der Mars von der Erde entfernt ist. Nun könnte die Erde auf ihrer Umlaufbahn gerade besonders weit vom Mars entfernt sein (mehr oder weniger quasi auf der anderen Seite der Sonne). Also müsste sie gezielt eine Annahme machen, z. B. den bestmöglichen Fall: Beide stehen in größtmöglicher Nähe zueinander.[2] Die Kandidatin bekommt an dieser Stelle bestimmt Hilfe von der Prüferin, die dafür eine Entfernung von 55 Mio. km nennt, also 55.000.000.000 m. Da Funksignale im Weltall mit der Vakuumlichtgeschwindig-

---

[2]Das ist übrigens nur alle 16 Jahre so extrem der Fall.

keit (300.000.000 m/s) übertragen werden, kann die Kandidatin – wenn sie das weiß – abschätzen, dass ein Signal etwas über 180 s (also etwas mehr als 3 min) von der Erde zum Mars benötigt (Entfernung also etwa 3 Lichtminuten), die Rückantwort genauso lange. Der/die weit entfernte Gesprächspartner/in müsste also mindestens 6 min auf die Antwort warten (und auch nur dann so „wenig", wenn der Mars der Erde so nahe steht). Das machte eine Unterhaltung nicht unmöglich, aber sehr, sehr mühselig. Und Ehen zwischen Astronautinnen/Astronauten und ihren daheim gebliebenen Ehepartnern/-partnerinnen erscheinen – nicht nur deswegen – gefährdet.

7.4   Fazit

- Nutzen Sie anstehende Prüfungen, um Ihre Studentenbude sauber zu machen!
- Nutzen Sie Prüfungsvorbereitungen aber auch und vornehmlich, um Verknüpfungen herzustellen, die Ihnen sonst verborgen geblieben wären! Die wenigsten Prüfer/innen fragen nur Fakten ab; Prüfer/innen möchten Verständnis bei den Kandidatinnen/Kandidaten erkennen können. Entsprechend sollte die Prüfungsvorbereitung laufen. Und das ist nicht nur für den Ausgang der Prüfung wichtig, sondern betrifft auch den Kern eines Studiums: *fachliches Verständnis* zu erlangen.
- Nutzen Sie das Prüfungsergebnis auch, um sich in die Gruppe der Studierenden einordnen zu können! Wenn Sie immer nur im letzten Drittel der Bewertungen auftauchen, studieren Sie falsch oder etwas für Sie Falsches. Wenn Sie die Thematik ansprechen oder gar begeistern würde, würden Sie besser lernen und bessere Ergebnisse erzielen.

8

Setzen Sie sich dem Studium aus!

Richten Sie Ihr Leben nach dem Studium – und nicht umgekehrt!

8.1 Konzentration und Umfeld

Bereits Kap. 6 endete mit der Aufforderung „Setzen Sie sich dem Studium aus!" Dort ging es um den Inhalt des Studiums und die Mühen, die damit verbunden sind, wenn es ernsthaft betrieben wird.

Nun soll auch das persönliche Umfeld der Studierenden angesprochen werden. Dabei bin ich mir als Verfasser dieser Zeilen sehr wohl bewusst, dass es heute sehr viele Lebensentwürfe gibt, die man sich selbst gewählt hat oder die sogar durch äußere Umstände aufgezwungen wurden. Zum Beispiel muss heute eine nicht verschwindende Zahl von Studierenden ihren Lebensunterhalt selbst verdienen oder altersbedingt dauerhaft kranke Familienmitglieder pflegen. Für sie müssen meine folgenden Tipps zur Tageszeitplanung

© Der/die Autor(en), exklusiv lizenziert durch Springer-Verlag GmbH, DE, ein Teil von Springer Nature 2021
H. Fouckhardt, *Lehren und Lernen – Tipps aus der Praxis*,
https://doi.org/10.1007/978-3-662-63200-0_8

wie ein Hohn erscheinen. Sie richten sich nur an Studierende, die tatsächlich die Möglichkeit haben, ihren Tagesablauf frei zu gestalten. Es geht um die Optimierung des Studienerfolgs.

Ein übliches naturwissenschaftlich-technisches Studium ist nach Umfang und Tiefgang (Quantität und Qualität) so aufwändig, dass es kaum im Alleingang zu bewältigen ist. Viele Dozentinnen/Dozenten (auch ich) sorgen absichtlich dafür, dass die Inhalte und Übungsaufgaben im Normalfall kaum im Alleingang zu erschließen sind. Denn sie wissen, dass die Diskussion über Probleme unter den Studierenden und das Erklären eines schwierigen Sachverhalts gegenüber einem Freund einen wichtigen Teil des Studierens ausmachen.

In den ersten Semestern empfehlen viele Lehrende, sich in Arbeitsgruppen von zwei bis vier Leuten zusammenzuschließen und gemeinsam zu arbeiten, weil dabei üblicherweise mehr herauskommt als bei einer Einsiedlertätigkeit. Jeder der Gruppe hat 'mal eine Idee, die eine Blockade aufhebt. Und selbst wenn die Idee nicht von den anderen in der Gruppe stammt, haben sie davon mehr, als wenn sie bei der ersten Blockade alleine sofort hätten aufgeben müssen.

Hinzu kommt, dass die Studierenden auf diese Weise mitbekommen, dass nicht nur sie Schwierigkeiten haben. Das beruhigt und erlaubt, die Energie auf das Wesentliche zu richten.

Ich arbeite seit etwa 2,5 Jahrzehnten an einer Regionaluniversität, will heißen an einer Universität, an der ein großer Teil der Studierenden aus der Umgebung kommt (aus dem sogenannten „Waschmaschinenradius"). In unregelmäßigen zeitlichen Abständen werden Umfragen gemacht, die ergeben, dass bis zu etwa 50 % unserer Physikstudienanfänger/innen noch bei ihren Eltern wohnen.

Ganz unabhängig von einer Ausbildung und speziell dem Studium erachte ich es für die persönliche Entwicklung eines jungen Menschen als sehr wichtig, rechtzeitig das Nest zu verlassen. Wenn dieses Flüggewerden mit dem Beginn eines Studiums zusammenfällt, sind natürlich zwei Probleme gleichzeitig zu überwinden: den vielen Anforderungen des Studiums gerecht zu werden (inhaltlich und organisatorisch selbst Verantwortung für die Durchführung zu übernehmen) und sich gleichzeitig in einer neuen Umgebung zurechtzufinden, ein Konto einzurichten, rechtzeitig einzukaufen, bevor der Kühlschrank leer ist, die Bude sauber zu halten, herauszufinden, wo man die Wäsche waschen kann, und dies auch regelmäßig zu tun, einen Schreibwarenladen zu finden etc.

Aber diese „Doppelbelastung" löst sich ganz schnell in eine Einfachbelastung auf. Man muss zunächst nur *einen einzigen* Waschsalon und *ein* Schreibwarengeschäft kennen. Ein Lebensmittelgeschäft in der Nähe wird sich auch schnell finden. Und sich als junger Mensch auf diese Art eine Stadt „zu erobern", ist auch ein erhebendes Gefühl, das Selbstvertrauen gibt.

Für das Studium ist es wichtig, dass man sich mehrfach in der Woche am späten Nachmittag oder Abend Zeit nehmen kann, um sich mit der eigenen Arbeitsgruppe zu treffen, um Vorlesungen nachzuarbeiten und gemeinsam Übungszettel zu bearbeiten – am besten ohne Zeitbegrenzung nach hinten. Da sind die mit dem Abendbrot zuhause wartenden Eltern das Letzte, was dem Studium hilft.

Richten Sie Ihr Leben nach dem Studium – und nicht umgekehrt! Dem eigenen Beruf würde man auch so viel Stellenwert einräumen, dass man (im Normalfall) bereit ist, dafür umzuziehen und die Tages- und Wochenplanung danach zu richten. Diesen Stellenwert sollte auch schon das Studium genießen, damit es optimal klappen kann. „Überstunden" (um sich durch ein schwieriges inhaltliches Problem durchbeißen zu können) sollten möglich sein und möglichst wenig durch äußere Umstände behindert werden.

8.2   Arbeitsmöglichkeiten

Zu einem geeigneten Umfeld zum Studieren gehört auch ein geeigneter Arbeitsplatz in der Studentenbude. Die Spüle neben dem Waschbecken ist dafür denkbar ungeeignet. Ein großer Schreibtisch wäre optimal, auf dem viele Bücher gleichzeitig Platz haben, mit denen man gerade an der Lösung eines Problems arbeitet – mit entsprechend guter Beleuchtung.

Smartphone und E-Mail-Zugang häufiger einmal auszuschalten, wäre sinnvoll. Es ist neurologisch erwiesen, dass dass Gehirn einige Minuten Zeit braucht, um sich voll auf eine bestimmte Aufgabe konzentrieren zu können. Wird man alle paar Minuten gestört – und sei es nur durch den Alarmton (ohne dass man tatsächlich ans Smartphone ginge) –, ist ein konzentriertes Arbeiten unmöglich. Man glaubt dann nur, gearbeitet zu haben. Aber an die wichtigen Zusammenhänge ist man nicht herangekommen.

Die wichtigsten Bücher sollte man in der Studentenbude griffbereit haben, auch um darin Notizen machen zu können. Man spart an der falschen Stelle, wenn man versucht, an Büchern zu sparen. Und wenn man sich doch nicht alle leisten kann, sollte man die Literaturarbeit in die Bereichsbibliothek an der Uni verlagern (natürlich ohne dort Markierungen in den Büchern zu hinterlassen). Ich erinnere mich gerne an mein Studium in Göttingen, wo man in der Mathematikbibliothek oft die Studierenden hinter Bergen von Büchern nicht erkennen konnte, durch die sie sich gerade durchkämpften, um einen Sachverhalt zu verstehen. Das ist *studieren*.

8.3 Der Ausgleich

Ein ernsthaft betriebenes Studium ist mit viel Arbeit verbunden. Das sollte aber nicht dazu führen, dass die Arbeit um der Arbeit willen erledigt wird. Eine Studentin, die zum zweiten Mal durch die Klausur gefallen war, fragte mich einmal ganz verzweifelt, was sie denn noch machen könnte, sie würde so viele Stunden arbeiten, aber offenbar ohne Erfolg. Ich fragte sie, was sie denn all die Stunden gemacht hätte. Und sie antwortete, dass sie die gelösten Übungsaufgaben viele Male abgeschrieben hätte. Das macht natürlich keinen Sinn. Besser wäre gewesen, sie hätte sich neue Aufgaben besorgt und versucht, nun diese zu lösen. Beschäftigungstherapie führt nicht zum Erfolg.

Aber das eigentliche Problem dieser Studentin war ein ganz anderes. Das wiederholte Aufschreiben der Aufgaben deutet auf einen Zustand hin, den man heute fast schon als „Burnout" bezeichnen würde. Sie kam aus dem Hamsterrad nicht mehr heraus. Wenn sie ab und zu auch tagsüber eine Stunde zur Entspannung geschlafen hätte, wäre der Wert für ihr Studium größer gewesen. Sich auch Auszeiten zu gönnen, ist wichtig!

Ein paar Dinge kann man von Amerikanerinnen/ Amerikanern lernen. Eine Weisheit drückt sich in folgender Formulierung aus: „Work hard and play hard!" In diesem Zusammenhang frei übersetzt: „Wenn du arbeitest, arbeite intensiv! Wenn du frei hast, mach' richtig frei!"

Dazu gehört, dass der spannende Roman bis zum Abend warten muss, solange man die Übungsaufgaben noch lösen muss. Dazu gehört, dass man die üblichen Freizeitaktivitäten vor Prüfungen zurückstellt, um sich in Ruhe vorbereiten zu können. Dazu gehört aber auch, dass man auf der Heimfahrt zu den Eltern über Weihnachten keine Bücher aus dem Studium mitnimmt. Man möchte zwar immer noch arbeiten, kommt aber nicht dazu. Also hat man weder gelernt, noch sich richtig entspannt, weil man immer gedacht hat: „Ich müsste ja eigentlich noch lernen!"

Unverplante Freiräume muss man sich schaffen. Das ist im Studium genauso wichtig. Auch dadurch wird das Studium unterstützt.

8.4   Fazit

- Mindestens die Hochschulausbildung ist die Grundlage für Ihr Berufsleben. Richten Sie also Ihr Leben nach dem Studium – und nicht umgekehrt!
- Ein hohes Engagement und ein hoher Einsatz beim Lernen und Üben sind unbedingt notwendig für den Studienerfolg.
- Dafür sind eine hohe Konzentration (wenig Ablenkung) und allgemein gute Arbeitsbedingungen unerlässlich.

9

Fokussierung ist wichtig

Bleiben Sie am Ball wie ein Terrier am Knochen!

9.1 Zuhörenkönnen

Eine der schwersten Regeln habe ich mir für dieses späte
Kapitel aufgehoben. Auch sie ist mit dem Begriff der Konzentration verbunden. Es geht um Zuhörenkönnen und das
Erlernen dieser Fähigkeit. Wer etwas lernen möchte, muss
bereit sein zuzuhören, d. h. auf die Nebensätze der Dozentin-
nen/Dozenten zu achten – Nebensätze, die in keinem Buch
stehen –, den manchmal mühseligen Gedankengängen zu
folgen, mit denen ein schwieriger Sachverhalt zu erklären
ist.

Die Menschen aus meiner Generation hatten es mindestens in diesem Punkt deutlich einfacher als die heutige
Generation. Als wir in Schule, Ausbildung und Studium
waren, gab es nur wenige Fernseh- und Rundfunkprogram-
me und kein Internetradio, keine E-Mails, Smartphones ...

© Der/die Autor(en), exklusiv lizenziert durch Springer-Verlag GmbH,
DE, ein Teil von Springer Nature 2021
H. Fouckhardt, *Lehren und Lernen – Tipps aus der Praxis*,
https://doi.org/10.1007/978-3-662-63200-0_9

Wir mussten quasi gar nicht viel tun, um konzentriert zu sein und zu bleiben. Heute muss man aktiv etwas dafür tun, sich konzentrieren zu können.

Nun ist nicht jeder Dozent ein begnadeter Lehrer. Und auch von mir möchte ich das nicht behaupten. Aber alle an den Studierenden interessierten Lehrenden geben sich von sich aus Mühe, das Umschiffen der schwierigen Klippen des Stoffs zu erleichtern. Sie finden Analogien oder anschauliche Beispiele, an denen ein Sachverhalt klarer wird. Sie streuen, um die Motivation zu steigern, Erkenntnisse ein, die man sich sonst erst nach Jahren selbst aneignen kann. („In der Wellengleichung, die aus den Maxwellschen Gleichungen hervorgeht, taucht die Lichtgeschwindigkeit auf – unabhängig von jedem denkbaren Bezugssystem. Also ist schon hier die Universalität der Lichtgeschwindigkeit implizit enthalten.")

Die Studierenden sollten bereit sein, diese Hinweise aufzunehmen oder einen Querverweis zu verstehen, den sie vorher noch nie gehört haben. Genau das sind Stellen, wo das Verständnis wachsen kann – über ein Maß hinaus, mit dem man andernfalls nur Formeln verwenden, aber nicht verstehen könnte.

Zuhören ist schwierig und will gelernt sein. Zuhören hat aber auch sehr viel mit einer *inneren Bereitschaft* zu tun. Wenn diese Bereitschaft nicht existiert, wird man bei erster Gelegenheit „aussteigen". Die (genervte) Frage an sich selbst sollte nicht lauten: „Warum erzählt der da vorn schon wieder vom Drehmoment? Ich weiß doch schon, was das ist." Der (aufgeschlossene) Gedanke sollte hingegen sein: „Wenn der da vorn schon zum dritten Mal vom Drehmoment anfängt, muss mehr dahinterstecken, als mir bisher klar geworden ist. Was ist eigentlich das Problem? Ich sollte noch einmal genauer hinhören oder mehr dazu lesen oder nachfragen."

Gerade in Vorlesungen für Studienanfänger/innen ist das eben geschilderte Szenario häufig vorhanden. Die Begriffe sind aus der Schule *scheinbar* bekannt: Kraft, Energie, Arbeit, Leistung ... „Was gibt es da noch zu verstehen? Warum sollte es so wichtig sein, die potenzielle Energie als Wegintegral über die Kraft zu definieren?"

An solchen Punkten steigen viele Studierende aus – nicht etwa weil sie den Stoff für zu schwierig hielten, sondern weil sie die Schwierigkeit noch nicht einmal erkannt haben. Das führt dann auch dazu, dass die Vorlesungen nicht nachgearbeitet werden, was die Problematik noch verschärft.

9.2 Fragenstellen

Kein wohlmeinender Dozent wird etwas gegen Fragen haben (solange sie nicht so häufig sind, dass der Vorlesungsfluss vollkommen unterbrochen wird). Fragen zeigen, dass Interesse besteht und dass versucht wird mitzudenken. Toll!

Und wer sich vielleicht nicht traut, vor den Mitstudierenden eine Frage zu stellen, kann nach der Vorlesungsstunde fragen, persönlich oder per E-Mail.

Man sollte auch jede Gelegenheit wahrnehmen, ältere Studierende zu fragen, wenn etwas unklar geblieben ist (zum Studienablauf oder zum Inhalt einer Vorlesung). Meistens freuen sich die Kommilitoninnen/Kommilitonen, ihr kürzlich erworbenes Wissen weiterzugeben. Und Übung bedeutet dies auch für sie. Auch die schon oft erwähnten selbst gewählten Arbeitsgruppen können hier viel helfen. „Wie hat der Prof. das heute gemeint, als er gesagt hat, dass die Lorentz-Kraft durch die spezielle Relativitätstheorie erklärt wird? Von was für Ladungsträgergeschwindigkeiten reden wir denn eigentlich? Sind die Geschwindigkeiten nicht viel zu klein, um relativistische Effekte erwarten zu können?" Einer der Kumpels wird schon genau hingehört oder gelesen haben, dass es zwar um einen sehr schwachen Effekt geht, dass es sich aber auch um sehr viele freie Ladungsträger in einem Draht dreht, so dass sich die Kraftbeiträge zu einem merklichen Effekt aufsummieren.

9.3 Eigenverantwortung für das eigene Studium übernehmen!

Viele von den Hinweisen an die Studierenden in diesem Buch können in einem einzigen Satz grob zusammengefasst werden: *Es ist wichtig, dass jede Studentin und jeder Student die Verantwortung für ihr oder sein eigenes Studium übernimmt.*

Niemand sollte darauf warten, gesagt zu bekommen, welche Seiten bis wann in welchem Buch zu lesen sind und wie man an das Buch herankommt.

Wichtig ist, Herausforderungen anzunehmen! Wenn man Schwierigkeiten mit einer Übungsaufgabe oder im Verständnis einer Thematik hat, die in der Vorlesung behandelt wurde, sollte man sich nicht damit beruhigen, dass dies nur ein Thema von vielen und es daher nicht so schlimm ist, wenn man dieses eine Thema nicht verstanden hat! Ganz im Gegenteil: Gerade bei solchen Themen sollte man nachhaken! Denn hier widerspricht ja offenbar die gelehrte Sichtweise gerade den bisherigen Vorstellungen der/des Studierenden. Diese Problematik zu begreifen, heißt, viel über wissenschaftliche Sichtweisen zu lernen. Und das hilft dann wieder anderswo.

Zum Beispiel: Warum kann der Wirkungsgrad einer hypothetischen Carnot-Maschine, mit der Wärme in mechanische Arbeit umgewandelt wird, („Wärmekraftmaschine" genannt) niemals 100 % betragen, obwohl es sich in diesem Gedankenexperiment doch um ein ideales Gas (ohne Reibung der Gasteilchen untereinander) handeln soll? Dazu müsste doch die tiefere der Temperaturen der beiden Reservoirs nur am absoluten Temperaturnullpunkt liegen. – Ja, aber dann, wenn der absolute Nullpunkt erreicht werden könnte, müssten sich nach den Eigenschaften der Entropie alle Systeme immer im absoluten Nullpunkt befinden. Wir Menschen würden nicht existieren. Aber wir existieren. So kann ein Axiom, ein Hauptsatz, formuliert werden: Der absolute Temperaturnullpunkt kann niemals erreicht werden. – Über den vermeintlich unwichtigen Wirkungsgrad der Carnot-Wärmekraftmaschine wird hier also eine Verbindung zur Entropie, zum absoluten Temperaturnullpunkt und zu den Hauptsätzen der Thermodynamik geschlagen, d. h. viel Physik zusammengebracht. Da lohnt sich das Nachhaken sehr.

Dieses Nachhaken wurde zu Beginn dieses Kapitels wie ein Terrierbiss gesehen. So lange zubeißen, bis der Knochen durchgebissen ist! Am Ball bleiben, bis das Problem gelöst ist und das nächste bereits wartet! So lernt man viel. Das ist *studieren*.

9.4 Fazit

- Für den Studienerfolg ist die *innere Bereitschaft,* sich zu konzentrieren und zuzuhören, von zentraler Bedeutung. Diese Bereitschaft muss man erst entwickeln; sie ist nicht automatisch vorhanden. Und diese Bereitschaft ist nur möglich, wenn man von dem Fach angesprochen wird und wenn man bereit ist, die Extrameilen zu gehen. Das hat sehr viel mit einer *konstruktiven Geisteshaltung* zu tun.
- Suchen Sie die schwierigen Themen! Bearbeiten Sie ein Problem wie ein Terrier seinen Knochen! Ist ein Knochen durchgebissen, suchen Sie sich den nächsten!
- Warten Sie nicht darauf, dass Sie von irgendjemandem zum Jagen getragen werden! Übernehmen Sie Eigenverantwortung für Ihr Studium!

10

Studierende abholen

Loben ist wichtig! ... aber nicht ohne Grund!

10.1 Drei Drittel

Laut des Statistischen Bundesamts machten 1970 in Deutschland 12 % der Schüler/innen das Abitur, 1990 waren es 31 % und 2010 schon 49 %. Das Studium begannen davon 1970 12 %, 1990 waren es 30 % und 2010 45 %. Studieren ist also prozentual ein Massenphänomen geworden.

Prinzipiell ist dies nicht unbedingt eine negative Entwicklung. Denn in einem Land, das heute in der globalen Wirtschaft hauptsächlich wegen seines Know-hows besteht, werden viele „Köpfe" gebraucht – aber nicht jeder.

Leider wird es den Kindern und Jugendlichen in einer wichtigen Hinsicht vordergründig oft zu leicht gemacht, tatsächlich dadurch aber langfristig viel schwerer: Hubschraubereltern lassen ihre Kinder nicht nur nicht mehr ihre eigenen Fehler machen, sondern räumen ihnen jede

© Der/die Autor(en), exklusiv lizenziert durch Springer-Verlag GmbH, DE, ein Teil von Springer Nature 2021
H. Fouckhardt, *Lehren und Lernen – Tipps aus der Praxis*,
https://doi.org/10.1007/978-3-662-63200-0_10

Schwierigkeit aus dem Weg. Und die extremsten unter den Hubschraubereltern drohen z. B. der Schule mit rechtlichen Schritten, wenn sie nach Täuschungsversuchen ihrer Kinder bei Klassenarbeiten einbestellt werden, anstatt ihre Kinder zur Rede zu stellen.[1] Und leider muss die Situation nicht erst so extreme Ausmaße annehmen, bevor sie für die Kinder schädlich wird.

Auch dies hat dazu geführt, dass viele Studienanfänger/innen gar nicht wissen, was es bedeutet, sich Mühe zu geben, schwierige Situationen zu meistern. Sie haben andererseits dadurch auch gar nicht die Chance gehabt zu erfahren, wie erhebend und motivierend das Gefühl sein kann, sich durchgekämpft und so wichtige Probleme gelöst zu haben – inhaltliche oder organisatorische.

Ich werde immer wieder von Studienanfängerinnen/-anfängern gefragt, *wie viele Stunden* sie für ihr Physik-, Biophysik- oder Lehramtsstudium *wöchentlich* einplanen müssten. Spontan fällt mir dazu die Zahl *60* ein. Aber ich bin meist zögerlich mit meiner Antwort. Um die Studierenden nicht gleich zu Beginn des Studiums abzuschrecken, spreche ich üblicherweise von mindestens 40 h pro Woche, also von einem Fulltime-Job. Die spontane Antwort derjenigen, die gefragt haben, ist *oft:* „ Das wollen wir nicht!"

Und tatsächlich sehe ich einige von den Studierenden, die gefragt haben, schon ab der darauffolgenden Woche nie mehr in der Vorlesung und im Fachbereich. Offenbar waren sie wenigstens so konsequent zu entscheiden, dass das arbeitsreiche Studium nichts für sie ist.

Nach meiner Einschätzung lassen sich die heute anfangenden Studierenden – eines naturwissenschaftlich-technischen Studiengangs *ohne* Numerus clausus an einer

---

[1] Ich habe hier also eine etwas andere Meinung als die, die Reinhard Mey in seinem Lied *Zeugnistag* vertritt. Allerdings bin ich mit ihm einer Meinung, dass Herabwürdigungen von Kindern unbedingt vermieden werden sollten.

Universität – typischerweise in drei Kategorien einteilen, die jeweils etwa ein Drittel der Gesamtheit ausmachen.

10.2 Das erste Drittel

Das erste Drittel bilden die sehr guten und sehr engagierten Studierenden, die aus allem, was ihnen im Studium geboten wird, etwas Positives ziehen. Man könnte ironisch sagen: Das Studium kann sein, wie es will, es kann diesen Studierenden nicht schaden. Obwohl diese Studierenden sich den größten Teil des Stoffs auch im Selbststudium zuhause alleine aneignen könnten, sind gerade sie es, die keine Vorlesungsstunde versäumen und auf die Zusatzerklärungen warten, die in keinem Buch stehen.

10.3 Das dritte Drittel

Das dritte Drittel sind die unengagierten und unwilligen Studierenden, für die man sich noch so viel Mühe geben kann – ohne Erfolg. Erstaunlicherweise sind gerade diese Studierenden diejenigen, die *vom ersten Tag* ihres Studiums an zu wissen glauben, dass ein Studium ganz anders laufen müsste und dass es so, wie es ist, überhaupt nichts bringt. Daraus ziehen sie vor sich selbst die Rechtfertigung, sich keine Mühe zu geben.

Und gerade bei diesen Studierenden findet man eine erhebliche Selbstüberschätzung. Auch das mehrfache Durchfallen in einer Prüfung führt bei diesen Studierenden nicht dazu, dass sie ihre Art des Studierens oder dieses Studium für sich persönlich in Frage stellen. Wie es ein Kollege von mir einmal formulierte: „Die unwilligen/ungeeigneten Studierenden wissen nicht einmal, was sie nicht wissen" (auch

Dunning-Kruger-Effekt genannt [KRU99]). Dies sind diejenigen Studierenden, die dann nach der Maximalanzahl von
Prüfungsfehlversuchen nach einigen Jahren ihr Studium erfolglos abbrechen.

In einer Diskussion auf einer Didaktiktagung habe ich
einmal von diesem Drittel gesprochen. Ein Kollege warf mir
daraufhin vor, dass ein Drittel nur deshalb bei mir so schlecht
aussähe, weil ich unterbewusst von dieser Drittelung aus-
ginge und mich als Dozent daher so verhielte (also mich gar
nicht um alle kümmerte), dass ein Drittel abgehängt werden
würde.

An diesem Argument könnte prinzipiell etwas dran sein.
Aber erstaunlicherweise offenbart sich dieses Drittel schon
als unteres Drittel, wenn andere Dozentinnen/Dozenten, die
Universität und ich selbst noch gar keine Gelegenheit hatten, die Leute falsch zu behandeln und zu frustrieren. Denn
sogar mehr als ein Drittel der Erstsemestler kommt nicht zu
der Einführung am ersten Studientag, entweder weil sie den
Hinweis in den Unterlagen zum Studienplatzbescheid nicht
gelesen haben oder weil sie diese Veranstaltung für nicht
wichtig halten – ein unkluges Verhalten, da sie bis dahin
noch gar nicht wissen (können), wie ein Studium läuft und
welche Veranstaltungen weniger wichtig sein mögen.

Etwa 20 % der Erstsemester sparen sich gar die erste Vor-
lesungswoche, weil sie nach eigener Auskunft gehört haben,
dass da noch nichts los sei. Andererseits wundern sie sich
dann und beschweren sich darüber, dass alle anderen Studierenden schon in Übungsgruppen eingeteilt sind, ... dass
ihnen niemand gesagt hat, dass die Vorlesung nun in einem
anderen Hörsaal stattfindet, ... dass die anderen schon den
Klausurtermin kennen, ihnen selbst aber niemand Offiziel-
les etwas gesagt hat ...

Aus diesen Gründen nehme ich den oben erwähnten Vor-
wurf nicht an. Mitdenken gehört zum Studium – zum Inhaltlichen und zum Organisatorischen. Wer das nicht möch-

te, stellt sich selbst ein Armutszeugnis aus. Mehr als das: Wer nicht bereit ist nach- und mitzudenken, sollte nicht studieren! – Leider fordert die Politik von den Hochschulen immer mehr, die Studienabbrüche zahlenmäßig zu reduzieren oder am besten gleich ganz zu vermeiden. Aber das ginge nur unter fast vollständiger Abschaffung der Standards.

Ist es wirklich im Interesse der Gesellschaft und der Wirtschaft (und auch der Absolventinnen/Absolventen selbst), wenn solche Studierende irgendwie einen (schwachen) Abschluss bekommen und in die Berufswelt entlassen werden? Kann die Wirtschaft wirklich Akademiker/innen gebrauchen, deren Decke an Wissen, Fähigkeiten und Bereitschaft zum Engagement so dünn ist, dass sie nur wenige Monate für ein ganz bestimmtes Problem, zu dessen Lösung die Absolventinnen/Absolventen eingestellt wurden, trägt?

Brauchen die Firmen z. B. Akademiker/innen, die niemals selbstständig eine technisch-wissenschaftliche Projektarbeit von sechs bis zwölf Monaten Dauer erfolgreich abschließen mussten, also niemals gelernt haben, ein Projekt zu strukturieren, zu planen und dann entsprechend durchzuziehen? Das Abschlusszeugnis wäre unter solchen Umständen das Papier nicht wert, auf dem es gedruckt worden wäre! Diese Absolventinnen und Absolventen würden den beruflichen Erwartungen an sie nicht gewachsen sein.

Um diesem Drittel zu helfen, müsste man viel früher ansetzen: die Standards an den Schulen nicht herabsetzen, sondern ggf. erhöhen, im Elternhaus zwar Hilfe gewähren, aber nicht jedes Problem aus dem Weg räumen, loben wenn es etwas zu loben gibt, aber auch mit den Kindern oder Jugendlichen ein ernstes Wort reden, wenn sie sich keine Mühe geben.

Natürlich meine ich damit nicht, etwas von den Kindern und Jugendlichen zu verlangen, wofür sie vielleicht von ihren Anlagen her gar nicht geeignet sind. Aus einem unmusikalischen Jugendlichen wird nicht durch Drill ein Lang Lang. (Und Drill ist sowieso nicht der richtige Weg.) Maßstab muss meiner Ansicht nach sein, ob sich der junge Mensch wirklich Mühe gibt. Mehr kann man nicht erwarten. Aber weniger sollte man auch nicht erwarten. Fordern heißt fördern. Und von einem Menschen etwas zu fordern, heißt auch, ihn ernst zu nehmen, und das ist sicher positiv.

10.4 Das mittlere Drittel

Das mittlere Drittel sind Studierende, die sich durchaus Mühe geben, die durchaus das Studium erfolgreich meistern und zügig durchziehen wollen, denen dies aber nicht leicht fällt. In der Schule war der Stoff vielleicht noch mit wenig Aufwand ihrerseits gut beherrschbar. An der Fachhochschule und Universität geht es tiefer, wird abstrakter, um allgemeiner werden zu können. Sie sitzen anfänglich vielleicht in einer Vorlesung, in der sie das Gefühl haben, die Lehrveranstaltung könnte auch in einer für sie fremden Sprache gehalten werden, ohne dass sie weniger verstehen würden. Sie sehen sich nach links und nach rechts im Hörsaal um und haben das Gefühl, die anderen haben dieses Problem nicht. Sie merken nicht, dass die meisten anderen auch nur ihr *Pokerface* aufgesetzt und genau dieselben Probleme haben. Mit den vermeintlichen Misserfolgen schwindet die Motivation. Im Wesentlichen diesem Drittel kann mit Vorlesungen geholfen werden. Ihm „über die Schwelle zu helfen", halte ich für eine der wichtigsten Aufgaben von Dozentinnen und Dozenten.

10.5 Frustrationstoleranz und Stressresistenz

Zu dem „nicht alle Probleme aus dem Weg räumen", von dem bei den Hubschraubereltern die Rede war, gehört auch, dass nur der Weg zur Lösung aufgezeigt wird, nicht aber jeder einzelne Schritt. Wenn möglich sollten die einzelnen Schritte gemeinsam mit den Studierenden entwickelt werden. Auch Hubschrauberdozentinnen/-dozenten sind also ein Problem – und überhaupt alle, die *zu viel* Betreuung der Lernenden einfordern.

In meiner Hochschultätigkeit fällt mir seit Jahren auf, dass auch dadurch die Belastbarkeit und Frustrationstoleranz bei den Studierenden immer geringer werden – nicht nur bei den Erstsemestern:

- Etwa 20 % unserer Physikerstsemester nehmen bereits nach ca. zwei Wochen nicht mehr regelmäßig an den Lehrveranstaltungen teil[2], weil es nach eigener Aussage zu viel Stress für sie ist, sich auf den engen Stundenplan mit Vorlesungen, Übungen, Aufgabenbearbeitung einzustellen.

- Ein Studierender, der eine Chance zur zweiten Prüfungswiederholung im Fachbereich erstritten hatte, kam einige Wochen vor der Prüfung zu mir und wies mich darauf hin, dass dies seine letzte Chance wäre, ansonsten würde sein Studium erfolglos beendet sein; ich möge doch gnädig sein. Ich antwortete ihm, dass ich das sein würde; denn ich würde *nicht mehr* verlangen als vorher schon bei der normalen Prüfung oder bei der ersten Wiederholungsprüfung. Aber so viel würde ich auch bei der zweiten Wiederholung verlangen. Der Student beantragte im

---

[2]Hier ist von den Präsenzveranstaltungen vor Corona die Rede!

Dekanat daraufhin die Zuordnung eines anderen Prüfers (und – oje – erhielt ihn).

- Studierende melden sich krank, weil es ihnen zu stressig sei, die Klausur gleich am Ende der Vorlesungszeit mitzuschreiben.

Ich denke, dass diese Episoden u. a. auch wieder darauf hinweisen, dass wir als Eltern – mehr oder weniger – unseren Kindern zu viel Arbeit und Mühe abnehmen, um sie vor Enttäuschung zu bewahren. Wir tun unseren Kindern damit keinen Gefallen. Lernen ist mit Mühe verbunden. Und sie müssen in dieser Leistungsgesellschaft bestehen. Die Berufswelt und natürlich das ganze Leben bieten Hochs und Tiefs, Erfolge und Misserfolge, Anstrengungen und Belohnungen. Wer beim Einstieg in seine Ausbildung oder sein Studium und erst recht ins Berufsleben noch nicht gelernt hat, mit Stress und Misserfolgen umzugehen, wird wahrscheinlich scheitern.

Wer diese Einstellung als zu hart empfindet, möge bitte auch bedenken: Sich erfolgreich durch eine schwierige Situation/Aufgabenstellung gekämpft zu haben, ist eine schöne, motivierende und Selbstvertrauen gebende Erfahrung. Sie stärkt für die Zukunft. Dieses Erfolgserlebnis sollten wir den Jugendlichen nicht nehmen! Und so lernt man am meisten: Die Erklärungen sich selbst erschlossen zu haben, ist die gewinnbringendste und nachhaltigste Form des Lernens. Sully Prudhomme (französischer Schriftsteller und erster Nobelpreisträger für Literatur, 1839–1907): „Man kennt nur das, was man entdeckt."

10.6 Führen Sie die Auseinandersetzungen, die geführt werden müssen!

Wenn Eltern von der Arbeit nach Hause kommen, sind sie froh, wenn es mit den Kindern keine Komplikationen gibt. Etwas zu verbieten oder die Kinder zu den Hausaufgaben anzuhalten, ist mit Mühe verbunden. Womöglich ist der Ärger vorprogrammiert – erst recht während der Pubertät, also jener Zeit, in der die Eltern schwierig werden.

Wenn Lehrer/innen im Unterricht Schüler/innen identifizieren, die Hausaufgaben nicht gemacht haben, bedeutet das Aufwand und Mühe. Verlangt man das Nacharbeiten und gibt wegen des Versäumnisses vielleicht noch einen Eintrag ins Klassenbuch, gilt man als uncool. Verlangt man dies nicht, sind weiteren Versäumnissen durch alle Schüler/innen Tür und Tor geöffnet.

Die Erfahrung zeigt, dass diejenigen Lehrenden, die bestimmte (sinnvolle) Regeln setzen und auf deren Einhaltung bestehen, letztlich mehr bei den Schülerinnen/Schülern und Studierenden erreichen können und – wer hätte das naiv gedacht – letztlich sogar mehr respektiert werden. Der schwierigen Phase des Durchsetzens, die sich zu Schuljahresbeginn (und mittlerweile auch schon an den Hochschulen zu Beginn der Erstsemestervorlesungszeit) womöglich über Wochen hinzieht, folgt dann aber eine lange Phase der guten Mitarbeit durch die Schüler/innen (oder Studierenden).

Kinder und junge Menschen wollen Regeln. Ihr Aufbegehren bisweilen ist auch ein Austesten, wie fest denn die Regeln sind. Dass es Regeln gibt, wird respektiert. Astrid Lindgren (1907–2002), schwedische Schriftstellerin und sicherlich Kinderfreundin, sagte einmal: „Kinder sollen mit viel Liebe aufwachsen, aber sie wollen und brauchen auch Normen."

Regellosigkeit erweist sich als Freibrief für Chaos. Und davon hat niemand etwas, nicht einmal diejenigen, die das Chaos verursacht haben. Eine Psychologin sprach mir gegenüber einmal einen guten Rat aus, der für Eltern und Lehrende gleichermaßen gilt: „Führen Sie die ‚Kämpfe‘, die geführt werden müssen!" Will im Beispiel heißen: „Scheuen Sie den Ärger nicht, wenn Hausaufgaben nicht gemacht wurden und Sie nun darauf drängen, dass sie nachgeholt werden! Scheuen Sie den Ärger nicht, den es (womöglich mit Eltern, Hochschulverwaltung und Fachschaft) gibt, wenn ein Student wegen Abschreibens in der Klausur seine Prüfung nicht anerkannt bekommt!" Und vieles mehr ...

Vielleicht ist eine der wichtigsten Lehren, die man Jugendlichen mit auf den Lebensweg geben kann: *Alles, was sie tun oder nicht tun, hat Konsequenzen für sie selbst.* Das verschluderte Abitur führt dazu, dass sie nicht alles, was sie möchten, studieren dürfen (dafür vielleicht auch nicht genügend vorbereitet sind).

Sicher ist es auch wichtig, dass man den Kindern und Jugendlichen ausnahmsweise einmal das Eisen aus dem Feuer holt um zu zeigen, dass man im absoluten Notfall für sie da ist.[3] Aber das sollte nicht der Normalfall werden.

Hubschraubereltern/-dozierende schaden mehr, als sie nützen. Bestenfalls machen sich die Hubschraubereltern selbst kurzfristig das Leben leichter, aber langfristig erschweren sie es sowohl sich selbst als auch ihren Kindern. Denn wenn die Jugendlichen „in die Welt hinausgehen" und dort erst lernen müssen, dass es Regeln gibt, an die man sich halten sollte, ist es zu spät.

Und damit soll nicht dem Duckmäusertum das Wort geredet werden. Andersdenkende sind wichtig für eine Gesellschaft. Aber auch sie müssen die Regeln erst verstehen lernen, um sie dann auf ihrem Weg sinnvoll ändern zu können.

---

[3]In der Hinsicht bin ich mit Reinhard Mey einer Meinung.

10.7   Fazit

- Loben ist wichtig, aber nicht ohne Grund!
- Führen Sie als Eltern oder Dozierende die „Kämpfe", die geführt werden müssen!
- Fordern heißt fördern. Denn das bedeutet auch, diese Menschen ernst zu nehmen. Und das gehört meines Erachtens auch zu der „Ehrfurcht vor dem Leben" nach Ludwig Philipp Albert Schweitzer (1875–1965).

11

Aspekte der Online-Lehre und Digitalisierung

Viele Aspekte kommen zusammen – negative und positive!

11.1 Was dieses Kapitel nicht ist

Wie schon im Vorwort angedeutet, ist dieses Kapitel nicht dafür gedacht, über die technischen Möglichkeiten (weder Hard- noch Software) zur Online-Lehre oder detailliert über alle Aspekte des Datenschutzes zu berichten. Dafür wäre dieser Autor auch ungeeignet.

Durch die Corona-Pandemie haben sich die Notwendigkeiten, aber auch die technischen Möglichkeiten so schnell und so dramatisch verändert und sind auch noch dabei sich zu verändern, dass jeder dazu verfasste Text bei Drucklegung schon überholt wäre. Diverse Anbieter von Online-Konferenz- und Online-Lehrplattformen sind auf dem Markt und haben ihre Kapazitäten bereits im ersten halben Jahr der Pandemie so weit aufgestockt, dass sich auch die Qualität deutlich verbessert hat (z. B. ruckelfreie

© Der/die Autor(en), exklusiv lizenziert durch Springer-Verlag GmbH, DE, ein Teil von Springer Nature 2021
H. Fouckhardt, *Lehren und Lernen – Tipps aus der Praxis*,
https://doi.org/10.1007/978-3-662-63200-0_11

Videoübertragungen) und kaum eine Rangliste der Programme aufzustellen ist.

Ich möchte in diesem Kapitel auf pädagogisch-didaktische Aspekte der Online-Lehre insbesondere an Universitäten und Fachhochschulen, nicht an Schulen, eingehen. Obwohl ich selbst auch schon vor der Corona-Pandemie, angeleitet durch meinen Kollegen Jochen Kuhn, Physikdidaktikprofessor an der Technischen Universität Kaiserslautern (TUK)[1], Möglichkeiten der „Digitalisierung" zur Verbesserung der Lehre[2] mituntersucht habe, sind viele Aspekte doch im Zusammenhang mit Situationen zu verstehen, in denen keine andere Möglichkeit als Online-Lehre besteht. Insofern haben die zu nennenden Aspekte viel mit der Lehrsituation infolge der Corona-Pandemie oder vergleichbaren Umständen zu tun. Nun haben wir alle bei Drucklegung dieses Buchs die Hoffnung, dass uns die Pandemie nicht mehr allzu lange verfolgen wird. Daher mögen die Leser/innen diese Aspekte als solche unter *Worst Case*-Bedingungen verstehen.[3]

Jeder der folgenden Abschnitte ist einem Aspekt gewidmet.

11.2   Zeitrhythmus und Livestream

Unter Bedingungen wie in der Corona-Pandemie, unter denen die Lehrveranstaltungen ausschließlich oder überwiegend online stattfinden, erscheint es mir sehr wichtig, dass die Studierenden einen halbwegs gewohnten Zeitrhythmus erlangen können, was sehr stark dafür spricht, die Lehrveran-

---

[1] und insbesondere seine Mitarbeiter Pascal Klein (jetzt Didaktikprofessor an der Universität Göttingen) und Stefan Küchemann.

[2] wie etwa Videoversuchsanalysen und *Eye Tracking*.

[3] Der in einer anderen Fußnote schon erwähnte Pascal Klein hat dazu an der Universität Göttingen bereits wissenschaftlich angelegte Untersuchungen durchgeführt, deren Ergebnisse von ihm unter pascal.klein@uni-goettingen.de erbeten werden können.

staltungen zu bestimmten Zeiten wöchentlich als Livestreams stattfinden zu lassen – und für spätere Wiederholungen der Studierenden gleichzeitig aufzuzeichnen, d. h. eine „Konserve" von jedem Livestream zu erstellen.

Am Rande von Dutzenden mündlichen Prüfungen im Sommer/Herbst 2020 habe ich die Studierenden immer wieder gefragt, was sie an den Online-Veranstaltungen des Fachbereichs im Sommersemester 2020 als positiv und was sie als negativ empfunden haben. Die allermeisten fanden es positiv, wenn zu bestimmten Zeiten Livestreams stattfanden. Das gäbe ihnen eine Regelmäßigkeit, eine Struktur im Alltag, die ihnen helfen würde, ihr Studium zu organisieren. Bei denjenigen, die sich nur die Konserven anhören wollten, unterblieb das dann doch einige Male (man kann es ja so leicht auf später verschieben, die Konserve wartet ja), so dass sich letztlich einige Konserven anstauten. Und es ist fast unmöglich, die notwendige Konzentration aufzubringen, sich dann gleich mehrere Konserven in kurzem zeitlichen Abstand zueinander anzuschauen und inhaltlich zu verarbeiten.

Nun könnte man auf die Idee kommen, dass die Dozierenden irgendwann Aufnahmen/Konserven der Vorlesungsstunden erstellen und sie dann eben einfach zu bestimmten Zeiten auf das Netz stellen können. Liefe das nicht auf dasselbe hinaus? Nein! Denn zum Ersten hat der Livestream-Charakter noch etwas Spannendes für die Studierenden; sie wissen, dass die Dozentin / der Dozent nun wirklich gerade im Hörsaal steht oder im Büro sitzt und unmittelbar zu ihnen spricht. Das ist psychologisch etwas anderes, als wenn sie sich quasi „nur einen Film anschauen". Zum Zweiten bietet der Livestream per Frage- und Umfrage-Apps die Möglichkeit einer direkten Wechselwirkung mit der/dem Lehrenden (was natürlich für diejenigen Studierenden entfällt, die sich nur später die Konserve ansehen).

Und zum Dritten ist der Livestream auch für die Lehrenden vorteilhaft. Er bietet auch ihnen einen zeitlichen Rhythmus, und sie haben ein ganz anderes Aufmerksamkeitsniveau, wenn sie wissen, dass ihre Erklärungen gerade live ausgestrahlt werden.

Im Gegensatz dazu wird die Erstellung von mehreren Konserven zeitlich direkt hintereinander (auf Vorrat) sicher niemals zu so lebhaften Ergebnissen führen wie Livestreams. Und auf E-Mails der Studierenden mit fachlichen Fragen können die Lehrenden nicht für alle in der nächsten Doppelstunde eingehen, wenn sie die nächsten Konserven schon vorproduziert haben.

Zwei der von mir gefragten Studierenden antworteten, dass sie ausschließlich später die Konserven anhören/-sehen würden und niemals den Livestream. Sie sagten, wenn schon die meisten Lehrveranstaltungen nur online stattfänden, möchten sie sich auch ihre Zeit selbst einteilen können. Sie würden bei Tageslicht auch einige Freizeitaktivitäten unternehmen (einer der beiden Studierenden hat seine Heimatadresse an einem der bayrischen Seen) und dann am Nachmittag und den ganzen Abend über ihr Studium betreiben. Warum nicht! Aber das ist dann eben auch eine bewusste Entscheidung gegen die Vorteile des Livestreams.

11.3 Rückkopplungsmöglichkeiten

Mir erscheint sehr wichtig, dass die Chance zur schnellen Rückkopplung bzw. zum Austausch zwischen Studierenden und Lehrenden besteht. Die Studierenden müssen Fragen stellen können, selbst wenn die Dozentin – anders als bei Präsenzlehre, wenn sie ein Handsignal im Publikum praktisch sofort erkennen kann – vielleicht erst nach ein paar Minuten die aufgelaufenen Fragen auf einem Display wahrnimmt. Besser als nichts! Und umgekehrt wäre es wichtig, wenn die Dozentin Fragen an das Livestream-Publikum stellen könnte, um herauszufinden, ob ein vergangenes Thema wirklich verstanden wurde.

Ich möchte hier zwei Tools erwähnen, die ich bei meiner Online-Lehre sehr zu schätzen gelernt habe:

- das (nichtkommerzielle) „frag.jetzt"-Tool der Hochschule Mittelhessen, entwickelt von Klaus Quibeldey-Cirkel, Informatikprofessor an der genannten Fachhochschule, und seiner Arbeitsgruppe,
- *Voting Tools.*

11.3.1 frag.jetzt

Die Studierenden können mit dem Tool frag.jetzt (https://frag.jetzt/home) während der Lehrveranstaltung, aber auch noch *nach* dem Livestream Fragen stellen, wenn für jede Vorlesung eine eigene Nummer vergeben worden ist, die dann während der gesamten Vorlesungszeit gilt. Die Fragen laufen bei der/dem Lehrenden auf einem Computerdisplay auf und können von ihr/ihm in der Veranstaltung vorgelesen und beantwortet werden.

Bei frag.jetzt gibt es für jede Lehrveranstaltung („Sitzung" genannt) drei Personengruppen:

- Dozent/in,
- Moderator/in (ggf. mehrere),
- Studierende.

Die Moderatorinnen/Moderatoren können (bei entsprechender Einrichtung der Sitzung) Fragen, wie „Wann gibt es Freibier?", herausnehmen und gar nicht erst zur Dozentin / zum Dozenten durchlassen.

Das Tool ist in der alltäglichen Nutzung sehr einfach. Das Aufsetzen der Lehrveranstaltung kann aber leicht schiefgehen, wenn bestimmte Aspekte nicht bedacht werden. Es ist z. B. wichtig, dass die Moderatorinnen/Moderatoren bei frag.jetzt registriert sein müssen, bevor die Dozentin/der Dozent sie als Moderatorinnen/Moderatoren benennen kann. Als Dozent/in müsste man eigentlich nicht selbst bei frag.-jetzt registriert sein (man kann auch einen Gastzugang nutzen), aber dann würden die Fragen etc. zur Vorlesung nicht ein halbes Jahr gespeichert werden, und die/der Dozierende könnte nachträglich keine Änderungen an dem Setup der Lehrveranstaltung vornehmen. Da das nicht sinnvoll ist, sollte sich auch die Dozentin/der Dozent bei frag.jetzt registrieren. Das bedeutet nur, dass eine E-Mail-Adresse angegeben und ein Passwort generiert werden muss.

Wenn eine Vorlesung als Livestream mit frag.jetzt-Tool gestalten werden soll, heißt das eigentlich, dass während des Livestreams eine zweite Person anwesend sein und als Moderator/in helfen muss. Wenn man das nicht möchte oder diese Kapazitäten nicht hat, könnte man vielleicht alle 30 min eine kurze Auszeit nehmen, die Fragen erst einmal für sich selbst (als Dozent/in und Moderator/in) (aus)sortieren, dann für alle Sitzungsteilnehmer/innen zugänglich machen und beantworten – so wird es von dem frag.jetzt-Projektleiter empfohlen.

Letztlich muss man mit dem Tool spielen, um es zu begreifen, z. B. frag.jetzt auf dem Smartphone aufrufen, Sitzungszahlencode eingeben, sich selbst als Dozent/in eine Frage schicken ...

11.3.2 *Voting Tools*

Im Sinne einer Auflockerung, aber auch wieder im Sinne der Rückkopplung sind Umfragetools zu verstehen. Der

Dozent bereitet Fragen mit mehreren Antwortmöglichkeiten vor, die dann zu gegebener Zeit in dem Livestream für einige Minuten freigeschaltet werden. An dem Ergebnis der Abstimmungen können sowohl der Dozent als auch die Studierenden selbst ablesen, wo Letztere stehen, ob und wie gut der Stoff verstanden wurde. Die Fragen zu den Umfragen und die möglichen Antworten wollen sorgfältig überlegt und auch auf dem Vorlesungscomputer geeignet hinterlegt sein, damit es später dann nur Momente dauert, sie freizuschalten.

Wenn die möglichen Antworten quasi implizit enthalten, welche richtig ist oder nicht, hat die Umfrage keinen Wert. Ich möchte ein negatives Beispiel geben: Nehmen wir an, die Frage lautet: „Warum wird bei der Berechnung der barometrischen Höhenformel[4] nicht von einer konstanten Luftdichte ausgegangen?"

Die möglichen (vorgegebenen) Antworten mögen sein:

1. Weil die Luftdichte mit der Höhe nicht konstant ist!"
2. Weil sich bei böigem Wind die Situation ändert!"
3. Weil bei der Messung durch die Körperwärme des Versuchsleiters der Luftdruck verändert wird!"
4. Weil ich keine Lust dazu habe!"

Antwort 1 ist zwar richtig, erklärt aber nichts und ist ja auch schon in der Fragestellung enthalten. Diese Antwort hat also keinen didaktischen Wert.

Die Antworten 2 und 3 sind zwar irgendwie richtig, haben aber nichts mit der barometrischen Höhenformel zu tun, bei der (in erster Näherung) weder eine Druckschwankung noch die Temperaturabhängigkeit des Luftdrucks berücksichtigt wird.

---

[4]Die barometrische Höhenformel beschreibt den Luftdruck als Funktion der Höhe in der Atmosphäre.

Nach meiner Erfahrung werden schon aus Prinzip etliche Studierende (das „dritte Drittel") Antwort 4 als Steilvorlage auffassen, mit der sie dem Dozenten 'mal zeigen können, was sie von all dem halten; sie werden schon deswegen diese Antwort anklicken. Man hüte sich als Dozent also vor zu viel Jovialität!

Eine bessere (vielleicht noch nicht die beste) Umfrage in diesem thematischen Zusammenhang ist: „Warum ergibt sich für die Atmosphäre eine exponentiell abklingende Abhängigkeit des Luftdrucks mit der Höhe?"

Es gibt folgende Antwortmöglichkeiten:

1. Die Luftmoleküle können teilweise miteinander reagieren, und dies hat etwas mit der exponentiellen Abnahme dieser Reaktionen mit der Höhe zu tun!"
2. Die exponentielle Abhängigkeit ist nur eine Näherung; eigentlich ist die Funktion parabelförmig!"
3. Gase sind kompressibel; die höheren Luftschichten drücken mit ihrem Gewicht die darunter zusammen; für noch tiefere Schichten steigt der Effekt exponentiell!"
4. Hier spielt der Zerfall der Ozonschicht eine Rolle; Zerfallsgesetze sind immer exponentiell!"

Antwort 3 ist die richtige und wird im Livestream detailliert erläutert.

11.4 Szenen sind wichtig, wenige ... geeignete ...

Selbst bei einer Vorlesung, die ohne Durchführung von Versuchen stattfindet, aber als Livestream übertragen wird, sind unweigerlich mehrere von einer Kamera aufgenommene Videobilder oder Tablet-PC-Display-Ansichten notwendig. Die Dozentin möchte meistens entweder den Blick auf ihr Skript (mit zusätzlichen Live-Notizen) oder ein Tafelbild übertragen. Sie möchte für eine längere Passage mit eindringlichen Erläuterungen aber auch ein Bild ihres Gesichts übertragen. Und diese „An-Sichten" könnten eventuell noch kombiniert werden. In einem Videostream-Software-System wird so etwas eine „Szene" genannt. Zu diesem Themenkomplex hier einige Hinweise:

- Das Gesicht der Dozentin sollte in den zentralen Szenen meistens, wenigstens als kleines Teilbild, zu sehen sein (z. B. rechts unten neben der gerade besprochenen Skriptseite). Denn es ist für die Studierenden nach kürzester Zeit unangenehm, wenn sie eine Stimme aus dem Off hören und nicht auch das zugehörige Gesicht mit Mimik und Mundbewegungen sehen.
- Es sollte nicht zu viele verschiedene mögliche Szenen geben. Die Studierenden brauchen eine Orientierung. Bei mehr als ca. vier verschiedenen möglichen Szenen müssen sie sich ständig neu orientieren, was denn nun gerade im Livestream übertragen wird.
- Zu viele mögliche Szenen machen auch den Dozentinnen/Dozenten das Leben schwer. Nur der Dozent kann wissen, was er als Nächstes sichtbar machen möchte. Er ist sein eigener Regieassistent. Wenn es dann mehr als etwa vier Hardware- oder Software-Buttons bei der Szenenauswahl zu unterscheiden gibt, wird es häufig zu Fehlern bei der Auswahl kommen. Alle sind verwirrt, und der Dozent kann leicht den roten Faden und die Konzentration verlieren.
- Die Dozentinnen/Dozenten müssen noch häufiger als in einer Präsenzveranstaltung explizit erläutern, was sie gerade tun, z. B.: „Ich schalte jetzt wieder auf die Szene mit dem von der Versuchskamera aufgenommenen Bild um, damit ich Ihnen die Details des Aufbaus zeigen und beschreiben kann." Solche Bemerkungen helfen in Live-

streams sehr; in der Präsenzlehre sind sie nicht so wichtig, weil die Studierenden alles überblicken und sehen können, wohin die Dozentin geht und worauf sie zeigt.

11.5 Online-Lehre ist anstrengender und langsamer als Präsenzlehre

11.5.1 Mehraufwand

Oben wurde schon von der eigenen Regieassistenz bei der Auswahl der richtigen Szene gesprochen, die die Dozentin / der Dozent zu leisten hat. Dies ist anstrengend und erfordert zusätzliche Konzentration – zusätzlich zu dem, was auch für eine Präsenzvorlesung an Konzentration aufgebracht werden muss.

Aber auch Fragetools (wie das schon erwähnte frag.jetzt) müssen beobachtet werden. Sind weitere Fragen aufgelaufen? Als Dozent/in muss man sich zwingen, alle paar Minuten auf das Fenster/Display des Fragetools zu sehen, um neue Fragen zu bemerken und beantworten zu können. Das ist zusätzlicher Konzentrationsaufwand und daher anstrengend.

Aufwändig sind auch Umfragen mit den schon erwähnten Umfrageprogrammen *(Voting Tools)* – und zwar schon im Vorfeld einer Doppelstunde. Um mir die schlechte Umfrage aus Abschn. 11.3.2 mit ihren Antwortmöglichkeiten zu überlegen, habe ich nicht mehr als 3 min gebraucht; für die bessere Umfrage etwa 15 min. Das zeigt schon ganz deutlich, dass die Vorbereitung von Umfragen viel Zeit benötigt. Und es gibt einen Mehraufwand gegenüber der Präsenzlehre, wo zumindest die Durchführung (nicht die Vorbereitung) einer Umfrage sehr schnell gehen würde.

11.5.2 Verzögerungen

Durch die Gegebenheiten einer Online-Livestream-Vorlesung gibt es unvermeidliche Verzögerungen. Zum Beispiel kann der Dozent nicht in jedem Moment darauf achten, ob Fragen im Frage-Tool aufgelaufen sind. Wenn er die Fragen dann bemerkt, muss er thematisch etwas zurückspringen, um die Antworten einzubetten. Das kostet mehr Zeit (und ist vielleicht für alle Beteiligten etwas nervig). Oder die Dozentin muss 1 bis 2 min warten, bis die Studierenden ihre Antworten im Umfrage-Tool abgegeben haben. In der Präsenzlehre würde das durch Handaufzeigen schneller gehen. Oder ein Student beschwert sich per frag.jetzt über die ruckelnde Internetverbindung, und die Dozentin muss erst einmal kontrollieren, wo das Problem liegt.

Hinzu kommt die fehlende *unmittelbare* Rückkopplung durch die Studierenden. Wenn ein Dozent in einer Präsenzvorlesung in überwiegend verständige Gesichter sieht, kann er weitermachen. In einer Online-Veranstaltung, bei der er die Studierenden nicht sieht, muss er zwangsläufig das Gefühl haben, dass nicht viel angekommen ist. Deswegen wird er mehr wiederholen als in einer Präsenzveranstaltung und mehr als eigentlich notwendig.

Auch wenn Versuche im Livestream vorgeführt werden, kostet das mehr Zeit als in der Präsenzlehre, eben weil man mehr erklären muss: Wo gehe ich hin? Wo stehe ich gerade? Was ist hier zu sehen? ... Das kostet Zeit.

Ich habe in meinem ersten Semester in der Livestream-Online-Lehre (Sommersemester 2020) nur etwa 80 % des eigentlich vorgesehenen Stoffs geschafft. Das muss man wissen, um vorher schon kürzen zu können oder vorab wenigstens Themen zu identifizieren, die man flexibel überspringen kann, wenn es die Zeitnot dann erfordern sollte.

11.5.3 Wohlbefinden

Online-Lehre, noch dazu wegen eines Teil- oder kompletten Lockdowns ist für alle Beteiligten unschön – insbesondere auch für die Schüler/-innen/Studierenden –, aber unter den möglicherweise gegebenen Umständen eben auch das Bestmögliche. Das betrifft z. B. Studierende, die sich untereinander nur schwer austauschen, nur schwer Arbeitsgruppen bilden und durchführen sowie weniger Kontakt zu den Dozentinnen/Dozenten aufbauen können, so dass es größere Hemmschwellen gibt, um per E-Mail oder Telefon Fragen zu stellen.

Die Situation ist für Dozentinnen/Dozenten aber auch unschön. Seit ich zu Online-Livestreams gezwungen bin, bewundere ich Nachrichten- und andere Fernsehmoderatorinnen/-moderatoren, die alleine in einem Studio stehen und irgendwie eine Beziehung zu dem Publikum herstellen. Mir fällt es schon schwer, immer wieder in die Kamera zu gucken, um ansonsten nicht „irgendwie abwesend" zu erscheinen. Aber noch schlimmer ist die fehlende (oder stark verzögerte) Rückkopplung der Studierenden. Fast würde ich sagen wollen, ich werde lieber ausgebuht, als gar keine Rückkopplung zu bekommen.

Im bei der Manuskripterstellung für dieses Buch gerade auslaufenden Wintersemester 2020/2021 sind die Livestreams meiner Vorlesungen mit einer Online-Konferenz gekoppelt gewesen. Ich hatte u. a. gehofft, dadurch auch Gesichter von Studierenden sehen zu können und somit etwas mehr direkte Rückkopplung zu haben. Aber ich habe niemanden dazu bewegen können, auch seine Kamera anzuschalten. So habe ich als Dozent auf dem zusätzlichen Monitor für die Online-Konferenz nur auf schwarze Teilnehmer/innen-Rechtecke geschaut. Auch nicht besser!

Ich kann die Studierenden sogar verstehen: Wenn sie schon nicht in die Uni kommen können oder dürfen, möchten sie es sich zuhause wenigstens bequem machen, also vielleicht auf dem Sofa herumlümmeln, während sie den Livestream verfolgen. Aus ihrer Sicht: warum auch nicht! Aber optimal ist das nicht: Zum einen schließen sich Herumlümmeln und Konzentrieren zu einem gewissen Grad aus. Zum anderen sollten sich die Studierenden überlegen, ob sie nicht auch etwas davon hätten, wenn der Livestream lebhafter sein würde, z. B. weil sie ihre Gesichter zeigen und die Lehrenden daher nicht zu einem scheinbar leblosen Publikum sprechen müssen.[5]

11.6 Datenschutz

Ich möchte hier nur einen Aspekt erwähnen, der mir für die Online-Lehre wichtig erscheint. Nach der gegenwärtigen Gesetzeslage darf und sollte die Konserve zu einem Livestream keinerlei persönliche Hinweise auf die Studierenden enthalten, weder ihre Namen noch Gesichter noch Stimmen [GOL18]. Selbst wenn sich die Dozentin vorher von allen Studierenden die Erlaubnis einholte, dass diese Daten in der Konserve auftauchen dürften, wäre das sofort hinfällig, wenn ein (ggf. einziger) Student später sein Einverständnis zurückzöge, z. B. weil ihm eine von ihm gestellte Frage nachträglich sehr peinlich wäre und er nicht möchte, dass auf der Konserve gespeichert wäre, wer diese vermeintlich peinliche Frage gestellt hatte.

In so einem Fall blieben nur drei Alternativen:

1. auf den Konserven mühsam die entsprechenden Stellen herauszusuchen und herauszuschneiden – das ist niemandem zuzumuten,

---

[5]Andererseits könnte das Ausschalten der Kamera auch etwas mit geringen Datenraten im ländlichen Raum zu tun haben und diesen Studierenden gar nichts anderes übrig bleiben, als ihr Videosignal nicht zu übertragen.

2. die Konserven als Nicht-Livestream neu zu erstellen ohne die Rückkopplung mit den Studierenden – das ist der Dozentin / dem Dozenten nicht zuzumuten,

3. oder – und darauf liefe es dann wohl hinaus – die bisher erstellten Konserven zu vernichten und keine neuen anzufertigen, also nur noch den Livestream zu betreiben, ohne ihn aufzunehmen – das wäre sicher für alle Studierenden nachteilig.

Das bedeutet, dass schon bei der Aufzeichnung des Livestreams alle persönlichen Daten vermieden werden sollten. Folgendes ist zu bedenken:

- Die Dozentin darf niemals den Namen einer/s Studierenden nennen! Schon ein Satz, wie „Herr Müller, stellen Sie bitte Ihre Frage!", wäre unzulässig im Sinne des Datenschutzgesetzes.

- Die Studierenden könnten und würden die Dozentin dabei unterstützen, diesen Fehler nicht zu begehen, wenn sie sich mit einem anonymen Code – zum Beispiel den letzten drei Ziffern ihrer Smartphone-Nummer – als „Name" in die Online-Konferenz einwählen würden. Wenn jemand eine Frage hat, wird er/sie von der Software für die Online-Konferenz üblicherweise hervorgehoben (z. B. mit einer gelben Linie um das entsprechende Teilnehmer/in-Rechteck). Die Dozentin würde dann den Code in diesem Rechteck erkennen und sagen können:„Herr/Frau 389, bitte stellen Sie Ihre Frage!"

- Wie gesagt, das, was die Studierenden fragen und sagen, darf wegen der prinzipiell möglichen Stimmenidentifikation nicht in der Konserve gespeichert werden. Deswegen sollte der Dozent nicht nur als Dozent in seinem Livestream tätig werden, sondern mit einem zweiten Rechner auch als „normaler" Teilnehmer an der Online-Konferenz. Die Stimmen der Studierenden darf er nur über einen Kopf-/Ohrhörer wahrnehmen; sie dürfen nicht über einen Lautsprecher in dem Raum wiedergegeben werden, in dem der Livestream stattfindet und aufgezeichnet wird. Das erscheint zunächst konzeptionell schwierig, ist technisch aber gar nicht so schwierig zu realisieren. Alles, was in der Online-Konferenz[6] von Studierenden gesagt wird, hört der Dozent nur über Kopfhörer, und es wird nicht aufgezeichnet.

- Die Studierenden hören die Fragen der anderen zwar, weil sie ja auch an der Online-Konferenz teilnehmen; diese Fragen werden aber nicht aufgezeichnet. Das hat zur Folge, dass der Dozent die Fragen explizit wiederholen muss (und sich daran unbedingt gewöhnen muss), damit sie auch auf der Konserve auftauchen und klar wird, warum so geantwortet wurde.

Von dem größeren Aufwand und der größeren Mühe sowie der erforderlichen größeren Konzentration der Dozentin / des Dozenten bei der Livestream-Lehre war in diesem Kapitel schon mehrfach die Rede. Der erforderliche Datenschutz fügt diesbezüglich sowohl im Vorfeld bei der technischen Vorbereitung der Livestreams als auch in jeder einzelnen Livestream-Vorlesungsstunde noch einige Punkte hinzu. Das ist anstrengend. Das muss man wissen, und darauf sollte man sich einstellen, wenn man Online-Livestream-Lehre anbieten möchte.

---

[6]Ich nenne sie nicht Videokonferenz, wie gesagt, weil viele Studierende ihre Kamera gar nicht einschalten.

11.7 Kommentar zur Digitalisierung

Mit diesem Abschnitt begebe ich mich schon in den Bereich der persönlichen Kommentare, die in Kap. 12 bis 15 noch mehr werden werden.

11.7.1 Der Begriff

Zunächst zum Begriff „Digitalisierung"! Er ist im Moment in der öffentlichen Diskussion überall und jederzeit zu hören: Digitalisierung der Industrie (in Verbindung mit dem Internet 4.0), Digitalisierung der Verwaltungen, Digitalisierung der Haushalte, Digitalisierung der Lehre …

Aber jede/r scheint darunter etwas anderes zu verstehen, wenn überhaupt irgendetwas. Bestenfalls gibt es gemeinsam noch die Vermutung „Digital ist alles, was mit Computern zu tun hat".

Zunächst ein paar Bemerkungen zum Wort „digital". Es bedeutet nur, dass Zahlen/Daten und Funktionen (z. B. Spannungsverläufe im Computer über der Zeit) in *diskreten* Werten dargestellt werden. Darüber hinaus werden diese Werte im binären Zahlencode codiert, d. h. in eine Folge von Einsen und Nullen „übersetzt". Daraus erwachsen mehrere Vorteile, die letztlich den Siegeszug der Digitalisierung hervorgerufen haben.

Der vielleicht wichtigste Vorteil besteht darin, dass eine Reduzierung des Signalrauschens einfacher möglich ist, wenn es nur Einsen (hohe Spannung) und Nullen (geringe Spannung) gibt. Alles oberhalb eines Schwellenwerts wird als Eins interpretiert, alles darunter als Null. – Die Digitalisierung erlaubt deswegen auch eine einfachere Aufnahme, Übertragung, Verarbeitung, Speicherung und Ausgabe von Daten.

11.7.2   Die Hoffnung und der Zweifel

Wenn der Begriff „Digitalisierung" im Zusammenhang mit der Lehre verwendet wird, geschieht das sehr häufig sehr undifferenziert, sowohl was die Möglichkeiten, als auch was die Resultate angeht. Fast scheint es so, als würden sich alle Probleme der Lehre und des Lernens in Luft auflösen, wenn die Lehre nur „digitalisiert" werden würde. Da ist von spielerischem Lernen am Computer die Rede.

Die Leser/innen können schon an meinen Formulierungen erkennen, dass ich diese Euphorie sehr skeptisch sehe. Es gibt meines Erachtens zwei Hauptgefahren:

- Nach meinen bisherigen Erfahrungen ist die Wahrscheinlichkeit hoch, dass die Kinder/Jugendlichen/Schüler/-innen/Studierenden durch das „Daddeln" am Computer/Tablet/Smartphone den Wald vor lauter Bäumen übersehen. Sie haben hinterher das Gefühl, viel geleistet zu haben, aber eigentlich haben sie nichts Wesentliches, d. h. keine Zusammenhänge, begriffen. Als meine Kollegen und ich in der Anfangsphase unserer Bemühungen immer mehr „neue Medien" in der Lehre genutzt hatten, waren wir verblüfft, wie schlecht die Ergebnisse von Übungen und Klausuren ausfielen. Je mehr, desto schlechter! Und je mehr wir dann an den ursprünglichen Vorstellungen abgespeckt haben, desto häufiger fragten wir uns, warum das Neue dann überhaupt noch eingeführt werden sollte. (Ganz so negativ ist das Ergebnis dann aber doch nicht; sehen Sie bitte weiter unten!) Also wann bringt Digitalisierung etwas?
- Selbst wenn didaktisch sehr gut durchdachte „digitalisierte" Lerneinheiten verwendet werden, können sie das Erlernen komplexer Zusammenhänge nur erleichtern bzw. unterstützen. Das wirkliche Verstehen bedeutet aber weiteres Bücherstudium, Durchrechnen von Aufgaben ... –

genau wie bei der herkömmlichen Lehre. Es ist ein Irrglaube, dass das Arbeiten mit Lernprogrammen das wirkliche Verstehen deutlich vereinfacht.

Außer Spesen nichts gewesen!?

11.7.3 Es gibt aber doch einige Möglichkeiten

Digitalisierung der Lehre löst die großen Probleme des Lehrens und des Lernens nicht! Dennoch gibt es einige sehr positive Aspekte und Möglichkeiten für den Einsatz digitaler Lehr-/Lernelemente:

- Ein mittlerweile großes „Kind" meines Kollegen Jochen Kuhn, Professor für Didaktik der Physik am Fachbereich Physik der Technischen Universität Kaiserslautern (TUK), sind „Videoanalysen" [GRÖ17, KUH19]. Die Videos sind vorweg für die Studierenden zu physikalischen Experimenten erstellt worden. Mit Hilfe spezieller Software-Programme können die Studierenden dann anhand der Videos Datenaufnahme und Versuchsauswertung betreiben. Zum Beispiel könnten sie bei einem schräg geworfenen Ball dessen Position in Abhängigkeit von der Zeit im Video vermessen und in der Auswertung kontrollieren, ob sich tatsächlich die theoretisch erwartete Wurfparabel ergeben hat. Sie können kontrollieren, ob sich in Vorwärtsrichtung und in der Höhe unterschiedliche Weg-Zeit-Gesetze bestätigen lassen. Dieses Vorgehen hat Erfolg und motiviert die Studierenden.
- In einer Variante der Videoanalysen, die auch auf meinen Kollegen Jochen Kuhn zurückgeht und von ihm „mobile Videoanalysen" genannt wird [GRÖ17, KUH19], müssen die Studierenden das Video für die spätere Aus-

wertung erst einmal selbst erstellen. Das ist Projektarbeit! Seitdem sieht man häufiger kleine Studierendengruppen auf das Dach des Physikgebäudes steigen und von dort Gummibälle herunterwerfen, während andere Studierende vom gegenüberliegenden Mathematikgebäude Videoaufnahmen von dem Fall des Balls machen. Oder andere Studierende stehen an einem Waschbecken und füllen einen kleinen Ball immer wieder mit unterschiedlich viel Sand, bevor sie den Ball ins Wasser legen und die Eintauchtiefe messen (→ hydrostatischer Auftrieb). – Später müssen die verschiedenen Gruppen über ihre Versuche referieren. Die Lernerfolge sind oft verblüffend gut.

- Gerade in der Anfangsphase des Studiums erlaubt dieses Arbeiten auch ein Kennenlernen der Studierenden untereinander, weil wir sie zu Gruppenarbeit drängen und die Aufgabenstellungen entsprechend umfangreich gestalten. Bei einem schwierigen, arbeitsreichen Studium ist es sehr wichtig, dass man sehr bald Arbeitsgruppen bildet.

- Immer wenn es um dreidimensionale Darstellungen geht, die als Bilder auf der Tafel oder als Projektion an der Wand eben doch nicht überzeugend und hilfreich sind, kann eine Computeranimation, bei der das dreidimensionale Objekt geschwenkt wird, Wunder bewirken.

- Auch bei der Verdeutlichung von Bewegungsabläufen sind Computeranimationen von unschätzbarem Wert. Sehen Sie sich vielleicht einmal auf YouTube^{TM} die Animationen zu mechanischen Getrieben an, z. B. zu Planetengetrieben; Sie werden begeistert sein!

- Und wieder muss und darf ich auf eine weitere Idee meines Kollegen Jochen Kuhn hinweisen. Zusammen mit dem Deutschen Forschungszentrum für Künstliche Intelligenz (DFKI) arbeitet er mit seinen Mitarbeiterinnen/Mitarbeitern an einem „digitalen Lehrbuch" auf einem Computer: Projekt *Hypermind – das antizipierende Physikschulbuch*. Es wird einige sehr interessante Features enthalten. Auf eines davon möchte ich hier eingehen: Je nachdem, wo die Leserin / der Leser dieses Lehrbuchs hinsieht und wie lange sie/er dies tut, blendet der Computer Pop-ups mit weiteren Informationen ein. Das *Suchen nach weiteren Informationen* zu diesem Thema wird also deutlich *erleichtert,* und das kann nach meiner Meinung wirklich eine Verbesserung für das Lernen sein (übrigens nicht nur in diesem Zusammenhang).

11.8 Fazit

Digitalisierung der Lehre, wohldosiert und (immer wieder) gut vorbereitet, kann helfen. Aber sie ist nicht das Allheilmittel, als das sie gerne verkauft wird!

12

Kommentar 1 – Tafelanschrieb

Einiges spricht dafür, vieles spricht dagegen!

12.1 Disput

In Kap. 3 habe ich geschrieben, was für eine Mühe es für mich selbst bedeutete, das Paradigma vom immerwährenden Tafelanschrieb abzuschütteln und zu anderen Formen der Vermittlung von Textinformationen, Formeln und kleinen Zeichnungen zu kommen. Mein Eindruck aus früheren Zeiten war, dass der Zwang zum Mitschreiben die meisten Studierenden nicht zum Mitdenken, sondern geradezu zum Abschalten animiert. Mein neues Paradigma ist, das Skript-File in ein Bearbeitungsprogramm, wie etwa PDF Annotator^{TM} zu laden, mit dem während der Erläuterungen Unterstreichungen, kleine Zeichnungen, Formelergänzungen, Hervorhebungen mit virtuellen Markern etc. vorgenommen werden können. Wenn das Tempo der Erläuterungen nicht zu groß ist, scheint mir diese Technik für die meisten Studierenden mehr Erfolg zu haben. Die Fragen, die gestellt werden, sind mehr als zuvor; sie sind inhaltlich und konstruktiv, statt wie früher Fragen nach irgendwelchen Buchstaben an der Tafel zu sein, die nicht erkannt werden können.

Ich habe dieses Buch (der 1. Auflage) befreundeten Kolleginnen/Kollegen zukommen lassen, größtenteils an der Technischen Universität Kaiserslautern (TUK), aber auch an anderen Universitäten in Deutschland. Die häufigste und stärkste Negativkritik bezog sich genau auf diesen Punkt, nämlich dass ich den Tafelanschrieb als übliche Lehrmethode ablehne. Zum Teil ergaben sich hitzige Debatten.

12.2   Für den Tafelanschrieb

Es gibt meines Erachtens ein ganz gewichtiges Argument *für* den Tafelanschrieb und *gegen* das überwiegende Projizieren von Texten, Formeln, Herleitungen ... Dieses Argument ist die Langsamkeit, d. h. das Herleiten und Erläutern Schritt für Schritt. Diejenigen Studierenden, die nicht abgeschaltet haben, profitieren von dieser zwangsläufig sorgfältigen Erläuterung.

Demgegenüber besteht beim überwiegenden Projizieren immer die große Gefahr, dass der Dozent zu schnell vorträgt. Insbesondere wenn die Detailerläuterungen nicht am Tablet, sondern z. B. mit einem Zeigestock oder Laserpointer auf der Projektion an der Wand vorgenommen werden, huscht das Auge des Dozenten gerne über das Skript, sieht vielleicht schon den nächsten interessanten oder wichtigen Punkt. Der Dozent ist dadurch immer in Gefahr, die nicht so wichtigen Details, die aber doch zum Verständnis der wichtigen Gegebenheiten notwendig sind, zu überspringen oder ihnen zumindest nicht die notwendige Aufmerksamkeit zu schenken.

Dies kann ich leider auch mit den Erfahrungen aus meiner eigenen Online-Lehre bestätigen. In der Präsenzlehre projiziere ich an die Wand und erkläre meistens auch an der Wand. In der Online-Lehre stehe ich am Tablet und erkläre mit einem eingeblendeten Handsymbol auf der Tablet-Oberfläche. Der Textausschnitt ist hier üblicherweise kleiner; die nicht so wichtigen, aber zum Verständnis auch nicht unwichtigen Details können kaum übersehen werden. In Kap. 11 habe ich bereits erwähnt, dass ich in der Online-Lehre im Schnitt nur etwa 80 % des Stoffs schaffe (bei ganz schwierigen Themen sogar nur 50 %), den ich in der Präsenzlehre abwickeln würde. Es mag noch andere Gründe dafür geben[1]; aber diese Tatsache könnte als Indiz dafür gewertet werden, dass ich in der Präsenzlehre mit Projektion statt Tafelanschrieb immer noch zu schnell im Stoff voranschreite.

Aber wie sollte ein Tafelanschrieb sein, damit er die Aufmerksamkeit nicht zerstört und gleichzeitig informativ ist? Eine Faustregel dafür kenne ich nicht. Schreibt die Dozentin nur Stichwörter an die Tafel (um den Gedankenfluss nicht zu sehr zu bremsen), wird es für die Studierenden beim Nacharbeiten schwer werden, die logischen Zusammenhänge und Schlussfolgerungen nachzuvollziehen. Werden aber ganze Sätze an die Tafel geschrieben, zieht sich eine Erklärung oft so in die Länge, dass die Aufmerksamkeit fast zwangsläufig schwindet: „Wenn die Amplitudenreflexionskoeffizienten r_1 und r_2 für beide Spiegel des Resonators und die Amplitudentransmissionskoeffizienten t_1 und t_2 jeweils gleichgesetzt werden – weil beide Spiegel dieselben Eigenschaften haben –, vereinfacht sich die Formel zu ...“

Eine Aussage, die mündlich innerhalb von 10 bis 15 s gemacht werden kann, würde im Tafelanschrieb mehrere

---

[1] z. B. die in der Online-Lehre häufig notwendige Kontrolle, ob die Aufnahme und Übertragung des Livestreams noch funktionieren.

Minuten dauern. Und dieser „Verlängerungsfaktor" würde ja bei jeder Aussage greifen. Das führt nach meiner Erfahrung zum Abdriften der Gedanken bei den meisten Studierenden und – auf die gesamte Vorlesungszeit im Semester bezogen – dazu, dass wirklich sehr viel weniger Stoff durchgenommen werden kann.

Letztlich müsste beim Tafelanschrieb die Geschwindigkeit dazwischenliegen und – auch je nach Thema – ganz genau abgewogen werden, was mühsam und nicht einfach zu leisten ist. Eine *angemessene* Langsamkeit durch den Tafelanschrieb hat den Vorteil, dass Studierende Zeit dazu haben, das Neue mit dem schon Bekannten zu verknüpfen. Aber es ist eine Gratwanderung zwischen „zu langsam" und „zu schnell".

12.3 Gegen den Tafelanschrieb

Ich möchte hier die Argumente zusammentragen und detaillierter erläutern, die mich zu meiner Meinung gebracht haben:

- Wie schon erwähnt, schalten die Gehirne der meisten Studierenden beim Abschreiben von der Tafel mit zu großem Verlängerungsfaktor ab.
- Viel Zeit geht mit dem Anschreiben verloren.
- Selbst wenn sich die Studierenden an die Handschrift der Dozentin / des Dozenten gewöhnt haben, wird es immer wieder Fragen geben, was denn da an der Tafel steht, insbesondere wenn es um mathematische Formeln mit ihren kryptischen Symbolen geht. Auch das kostet Zeit und lenkt vom Gedankengang ab; die Konzentration schwindet.
- Vergessen werden sollte auch nicht die Zeit (verbunden mit der Gefahr, dass die Aufmerksamkeit bei Studieren-

den und Dozierenden verloren geht), die zum Tafelwischen gebraucht wird. Übliche Tafelflächen in üblichen Hörsälen an deutschen Universitäten sind so klein, dass die Dozentinnen/Dozenten bei immerwährendem Tafelanschrieb über die 90 min einer Doppelstunde fünfmal wischen müssen. Das kostet Zeit und lenkt ab.

- Es kann aber sein, dass sie bestimmte Teile des bisherigen Anschriebs für spätere Erläuterungen aufheben möchten.[2] Neue Erläuterungen müssen immer wieder um diese „aufbewahrten Erläuterungen" herumgeschrieben werden. Eine übersichtliche Reihenfolge und Struktur der Texte und Formeln auf der Tafel sind dann kaum noch zu erreichen.

- Es sollte auch nicht vergessen werden, dass der optische Kontrast eines Tafelanschriebs bei üblichen Hörsaalbeleuchtungen nicht der bestmögliche ist. Hörsäle sind keine Fernsehstudios. Da ist der Kontrast einer Projektion an die Wand oder die Übertragung eines Tablet-Displays in der Online-Lehre deutlich besser. – Als weitere Konsequenz daraus sehe ich die absolute Notwendigkeit, in der Online-Lehre auf keinen Fall das Anschreiben an die Tafel zu übertragen: kleinerer Bildausschnitt, schlechte Beleuchtung, schlechter Kontrast. Selbst wenn man eigentlich (für die Präsenzlehre) den Tafelanschrieb bevorzugt, sollte man für die Online-Lehre doch davon abrücken. Wenn die Studierenden sich nachträglich die Konserve des Livestreams nur deshalb noch einmal ansehen müssen, weil sie versuchen wollen, den dunklen Tafelanschrieb zu entziffern, ist mit dem Tafelanschrieb wenig gewonnen und viel verloren worden.

- Ein weiteres, ganz wichtiges Argument gegen den Tafelanschrieb: Die Dozentin / der Dozent dreht dem Publikum oft den Rücken zu, und das ist schlecht! Dabei ist

---

[2]Auf der Tablet-Oberfläche muss dann nur zurückgescrollt werden.

mir gar nicht so wichtig, dass es zu Getuschel und Unruhe kommen könnte. Vielmehr besteht die Gefahr, dass die „Beziehung", die die Dozentin / der Dozent durch das Hineinsehen in das Publikum hoffentlich aufgebaut hat, und die Spannung in einer vielleicht dramatischen oder witzigen Erklärung immer wieder verloren gehen. Diese Spannung macht aber auch eine gute Dozentin / einen guten Dozenten aus. Diese Spannung sollte niemals leichtfertig aufgegeben werden.

12.4 Was sagt die Didaktikforschung dazu?

Zum gegenwärtigen Zeitpunkt gibt es kaum Untersuchungen zu der Frage, ob Tafelanschrieb oder Projektion besser ist.

Hinzu kommt, dass in diesen Untersuchungen der Tafelanschrieb oft nur mit einem Vortrag verglichen wird, wie er häufig mit der Software PowerPoint (PPT)^{TM} von Microsoft, durchgeführt wird. Und das ist ein konzeptionelles Problem der meisten Untersuchungen. Selbst wenn von einer Dozentin / einem Dozenten in einer Schul- oder Vorlesungsstunde PPT^{TM}-Folien eingesetzt werden, bedeutet das ja in den meisten Fällen nicht, dass der Stoff vortragsartig dargebracht wird. Es wird unterrichtet und nicht präsentiert!

Darüber hinaus sind diese Untersuchungen durchaus mit unterschiedlichen Fachrichtungen befasst. In Physikvorlesungen sind mathematische Herleitungen oft wichtig und nehmen einen nicht geringen Teil der Zeit ein. Dabei könnte ein zu schnelles Vorgehen schlimme Konsequenzen haben, während sich vielleicht in der Kunstgeschichte diese Problematik gar nicht einstellt.

Es gibt meines Wissens zwei Untersuchungen [BAK18, ERD11], die für die Naturwissenschaften relevant sein können; sie kommen aber zu nicht ganz klaren oder sogar zu gegensätzlichen Ergebnissen. Die Untersuchung [BAK18] kommt zu dem Schluss, dass Präsentationen mit PPT[TM] o. Ä. für die übliche Lehre keinen kongitiven Wert haben. Die Studie [ERD11] ergibt aber, dass die Studierenden, die mit Projektion unterrichtet wurden, bessere Klausurergebnisse erzielen als die Kontrollgruppe mit Tafelanschrieb. Aber der Autor ist differenziert in seinem Urteil: Er betont, dass es sehr auf den richtigen Einsatz der PPT[TM]-Präsentation ankommt.

In der Studie [LEE13] wurden übliche PPT[TM]-Präsentationen (für die Kontrollgruppe) mit Projektionen einer zunächst freien Tablet-Oberfläche[3] (für eine andere Lerngruppe) verglichen, auf die die/der Lehrende während der Vorlesung schreibt: Text, Zeichnungen ... Diese Untersuchung ergab, dass die Tablet-Gruppe, wie ich sie gerade nennen möchte, signifikant besser beim Erwerb von *Konzeptverständnis* abschneidet (was laut der Fußnote für den Tafelanschrieb spräche), während sich bezüglich des Erwerbs von *Faktenwissen* keine Unterschied zu der Kontrollgruppe ergibt.

Durch die bisherigen Untersuchungen kann sich jede Dozentin / jeder Dozent in ihrer/seiner bisherigen Weise zu unterrichten bestätigt fühlen. Bei genauem Hinsehen wird aber auch klar, dass es sehr auf die Details der Darstellung (z. B. Tempo, Geordnetheit, Flexibilität und Wechsel zwischen Methoden, handschriftliche Ergänzungen bei Projektionen) ankommt.

---

[3]Hier im Vergleich quasi als Tafelanschrieb zu werten; in der Studie ging es u. a. insbesondere um den *Handschriftaspekt* der Notizen der Dozentinnen/Dozenten.

12.5 Fazit

- Der häufige Tafelanschrieb birgt die Gefahr, dass Aufmerksamkeit und Spannung bei den Studierenden verloren gehen.
- Die Langsamkeit des Tafelanschriebs hat zwar Vorteile, wird im Extrem aber auch Aufmerksamkeit vernichten.
- Ohne Tafelanschrieb, d. h. bei häufiger Verwendung der Projektion, müssen sich die Dozentinnen/Dozenten extrem zwingen, Schritt für Schritt zu erläutern. Selbst dann wird das Tempo immer noch größer sein als bei einem üblichen Tafelanschrieb. Das ist vorteilhaft, weil mehr Stoff durchgenommen werden kann, beinhaltet aber auch die offensichtliche Gefahr von Erklärungen, die nicht ruhig und sorgfältig genug vorgetragen werden.

13

Kommentar 2 – Hubschraubereltern

Das Thema ist viel ernster als man meinen könnte!

Das Thema ist viel ernster, als man meinen könnte, weil Hubschraubereltern ihren Kindern nur scheinbar helfen, tatsächlich aber für die Zukunft sehr viel verbauen! Denn sie verhindern, dass ihre Kinder ihre eigenen Erfahrungen machen (auch die wichtigen frustrierenden).

Hubschraubereltern können meines Erachtens in die vier im Folgenden näher erläuterten Gruppen eingeteilt werden: die (Über-)Vorsichtigen, die Bequemen, die Egoisten (ggf. mit schlechtem Gewissen) und die Narzissten.

13.1 Die (Über-)Vorsichtigen

Diese Gruppe von Hubschraubereltern ist vielleicht noch am ehesten zu entschuldigen, und auch ich selbst muss mich als Vater immer wieder ganz bewusst zurücknehmen, um mein Kind nicht zu vorsichtig zu behandeln. Wer als Mutter oder Vater wäre nicht schon einmal nachts schweißgebadet

© Der/die Autor(en), exklusiv lizenziert durch Springer-Verlag GmbH, DE, ein Teil von Springer Nature 2021
H. Fouckhardt, *Lehren und Lernen – Tipps aus der Praxis*,
https://doi.org/10.1007/978-3-662-63200-0_13

aufgewacht – nach einem Albtraum, in dem man sich ausgemalt hat, was dem eigenen Kind alles Schreckliches passieren kann. Und am nächsten Morgen möchte man das Kind am liebsten mit dem Auto bis ins Klassenzimmer fahren, anstatt es gleich von zuhause den Bus nehmen zu lassen.

Ja, ein Schiff ist am sichersten im Hafen (auch wenn es selbst dafür Gegenbeispiele gibt)! Aber das Schiff ist nicht dafür gebaut worden, im Hafen zu bleiben (frei nach J. A. Shedd, 1859–1928). Das Leben ist voller Risiken. Aber die Kinder und Jugendlichen müssen ihre eigenen Erfahrungen machen, die positiven, durch die sie Selbstvertrauen gewinnen können, aber auch die negativen. Denn sie müssen sich nicht nur Wissen und Kompetenzen aneignen, sondern auch lernen, mit Ungerechtigkeiten und Frustration umzugehen, selbst mit Gefahren.

Damit ist natürlich nicht gemeint, dass man Dreijährige im zehnten Stock am offenen Fenster spielen lassen sollte. Verhältnismäßigkeit und Augenmaß sind wichtig! Oft ist es eine Gratwanderung und setzt die Eltern Gewissensqualen aus.

13.2 Die Bequemen

Es gibt Untersuchungen darüber, warum asiatische Familien üblicherweise mit weniger Konflikten zwischen den Generationen zu kämpfen haben als westliche. Ganz grob zusammengefasst könnte man sagen, die asiatische Erziehung ist eher „wir-zentriert", während die westliche eher „ich-zentriert" ist. Kinder und Jugendliche werden in asiatischen Familien sehr viel früher in die Aufgaben und Pflichten der Familie eingebunden. (Dies ist kein Plädoyer für Kinderarbeit!) Umgekehrt gibt dies den Kindern und Jugendlichen früh das Gefühl, gebraucht zu werden, und ein Verantwortungsgefühl. Die Untersuchung von Markus und Kitayama [MAR91] sieht dabei sogar Auswirkungen auf die Art zu lernen.

Solche Aufgabenteilungen führen auch dazu, dass jeder junge Mensch lernt, dass das Einfügen in eine Gruppe und das Aufgenommenwerden immer auch mit der Übernahme von Aufgaben, Pflichten und Verantwortung verbunden sind. Wer das nicht früh lernt, wird sein ganzes Leben lang Probleme haben, sich in irgendeine Gruppe zu integrieren. Und daraus entsteht auch ein sehr einsames Leben, vielleicht sogar am Rande der Gesellschaft.

Wenn nun also in dieser guten Absicht Aufgaben in der Familie mit den Kindern/Jugendlichen vereinbart worden sind, sollten sie auch durchgesetzt werden. Wenn Mutter/Vater aber als gestresster Elternteil nach der eigenen Arbeit müde nach Hause kommt und merkt, dass – anders als vereinbart – das Kind den Haushaltsmüll nicht getrennt und herausgebracht hat, macht Mutter/Vater es nur sich selbst und das nur kurzfristig einfacher, wenn sie/er den Müll schnell selbst an die Straße stellt.

Denn langfristig werden damit für alle Beteiligten mehr Probleme geschaffen. Das Kind kann auf diese Weise nicht lernen, dass alles, was es tut oder eben nicht tut, Konsequenzen hat, auch für sich selbst.

Natürlich darf es auch einmal eine Ausnahme geben, z. B. wenn die/der Jugendliche gerade sehr viel mit Schulklausuren zu tun hat; aber diese Ausnahmen sollten nicht zur Regel werden. Das würde der/dem Jugendlichen langfristig nur schaden.

13.3 Die Egoisten (ggf. mit schlechtem Gewissen)

Wie mir ehemalige Diplomandinnen/Diplomanden und Doktorandinnen/Doktoranden berichten, die nach dem Universitätsabschluss in den Schuldienst gegangen sind, hat ihre Arbeit als Lehrer/in immer mehr damit zu tun, sich gegen Anfeindungen von Eltern zu wehren. Wenn ein Schüler zum dritten Mal hintereinander eine 5 in der Klausur bekommen hat und die Versetzung gefährdet erscheint, muss es laut seinen Eltern natürlich an der Lehrerin oder dem Lehrer liegen; es kann unmöglich darauf zurückzuführen sein, dass der Sohn wirklich faul geworden ist. Da werden Termine mit den Lehrerinnen/Lehrern vereinbart, es wird um einzelne Punkte gefeilscht, mit Rechtsanwälten gedroht, obwohl das Problem doch ein ganz anderes ist.

Übrigens ist dies nicht nur eine schulische Situation. Auch an den Hochschulen werden solche Vorkommnisse immer häufiger, obwohl die Eltern rechtlich gar nicht mehr für ihre studierenden Kinder zuständig sind. Ich selbst habe dabei den Eindruck, dass es sich um Eltern handelt, die sich sehr lange nicht um ihre Kinder gekümmert haben, die Entwicklung zum Negativen also gar nicht verfolgt haben oder nicht wahrhaben wollen. Vielleicht liegt es daran, dass die Eltern beruflich sehr eingespannt waren und abends ihre Ruhe haben wollten (siehe oben). Vielleicht liegt es aber auch daran, dass sie die Entwicklung durchaus gesehen, aber den Konflikt mit ihren Kindern gescheut haben. („Führen Sie die Kämpfe, die geführt werden müssen!") Und erst dann, wenn das Problem nicht mehr zu leugnen ist, werden diese Eltern aktiv und greifen nun die Lehrer/innen an, weil sie weiterhin den Konflikt mit den Kindern scheuen und sich selbst mit Aktionismus beruhigen oder weil sie ihren Kindern[1] imponieren wollen.

Um nicht missverstanden zu werden: Natürlich kann es im Einzelfall ungerechte Behandlung durch eine Lehrerin / einen Lehrer geben. Und wenn es nicht nur um eine etwas zu schlechte Note, sondern z. B. um Mobbing des

---

[1] die das aber sowieso nur peinlich finden.

pubertierenden Jugendlichen[2] durch die Lehrerin / den Lehrer geht, ist ein elterliches Einschreiten vielleicht wirklich anzuraten oder sogar unbedingt notwendig. Aber solche dramatischen Fälle sind selten. Und für die Faulheit des Kindes ist noch seltener die Lehrerin / der Lehrer verantwortlich.

Kinder und Jugendliche müssen lernen, dass sie sich das meiste im Leben hart erarbeiten müssen. Schon diese Erkenntnis ist sehr wichtig. Und auf diesem Weg wird jeder Mensch auch regelmäßig mit negativer Kritik konfrontiert werden und lernen müssen, konstruktiv damit umzugehen. Auch das ist wichtig!

13.4 Die Narzissten

Diese Kategorie von Hubschraubereltern ist vielleicht eine Extremform der dritten, auch wenn ein wirklicher Narzisst niemals Schuldgefühle haben würde. Solche Elternteile sind von sich und allem in ihrem unmittelbaren Umfeld so überzeugt, dass sie sich gar nicht vorstellen können, dass es jemand wagt, ihrer Tochter ein „mangelhaft" für das Versuchsprotokoll zu geben; sie hatte sich doch so viel Mühe gegeben und ganze Passagen dafür aus Büchern *abgeschrieben*. Und daraus folgt ein endloser Streit, womöglich unter Einschaltung des Prüfungsamts und eines Rechtsanwalts.

Dieser Typ Eltern macht das alles nicht für das eigene Kind; denn dann wäre die einzig sinnvolle Maßnahme, dem Kind eindringlich klarzumachen, dass es sich mehr anstrengen muss. Diese Eltern machen das für sich selbst und nur für sich selbst.

Und dieser Typ Eltern kommt auch in anderem Kontext vor. Ein hoher Anteil *dieser* Eltern ist der Meinung, dass

---

[2] der schon genug mit dem Sinn des Lebens zu kämpfen hat.

ihre Kinder hochbegabt sind, nur dass der Dozent das wegen seiner eigenen Unzulänglichkeiten noch nicht bemerkt hat.

Ja, ein hochbegabtes Kind kann unerkannt bleiben. Die Wissenschaft geht heute davon aus (z. B. [BAC13, BMBF15]), dass ein Anteil von etwa 2 % aller Kinder eine Hochbegabung in der einen oder anderen Form hat. *Unter diesen* 2 % vermutet man 15 % *Underachiever,* d. h. Kinder, die weit unter ihren Möglichkeiten bleiben, weil sie nicht genügend gefordert werden, die Schule also langweilig finden und sich ausklinken, oder die wegen ihres Könnens gemobbt werden und sich deshalb in sich zurückziehen.

Wenn wir rein rechnerisch davon ausgehen, dass alle diese *hochbegabten Underachiever* nicht als hochbegabt erkannt werden, sprechen wir von etwa 15 % von 2 %, also 3 Promill aller Kinder (3 unter 1000), die nicht als hochbegabt erkannt werden. Da ist es, rein statistisch gesehen, zwar möglich, aber nicht sehr wahrscheinlich (Sie merken, ich drücke mich ganz vorsichtig aus), dass bei nahezu jedem Kind, wegen dessen Leistungen oder Verhalten es zu einer Auseinandersetzung zwischen Schule/Hochschule und Eltern kommt, die Eltern das Argument gebrauchen, ihr Kind sei hochbegabt und die Lehrenden hätten das nur noch nicht verstanden.

An der Technischen Universität Kaiserslautern (TUK) gibt es seit vielen Jahren auch Vorträge für Kinder mit jeweils wechselnden Themen aus Physik, Chemie, Mathematik, Maschinenbau und Elektrotechnik. Natürlich gibt es Unterschiede darin, wie ein bestimmter Stoff dargestellt werden kann und sollte je nachdem, ob das Publikum aus Fünf-, Zehn- oder 15-Jährigen besteht. Deswegen hat die Universität in ihren Einladungen und Aushängen zunächst einen Altersbereich von etwa zehn bis zwölf Jahren vorgegeben. Aber das Publikum bestand dann hauptsächlich aus Sechs- bis Zehnjährigen (plus Eltern- und Großelternteilen). Eigentlich hätten für diese Altersgruppe die Themen anders aufbereitet werden müssen – natürlich schon in der Vorbereitung. Mich sprachen nach solchen Vorträgen *mehrfach* Eltern, deren etwa sechsjährigen Kinder durch grobes Stören aufgefallen waren, an, dass die Thematik eigentlich viel zu einfach für ihr hochbegabtes Kind gewesen sei und es deshalb immer dazwischengerufen hätte. Aber die Kommentare des Kindes waren in keiner Weise tiefgehend oder schlau gewesen. Wenn z. B. der ganze Vortrag vom Luftdruck handelt und auf meine Frage am Ende an das Publikum, wie denn ein bestimmter überraschender Versuch zu erklären sei, das betreffende Kind ohne Aufforderung in den Saal brüllt: „Das hat mit der Luft zu tun", ist dies kein Indiz für Hochbegabung.

In späteren Jahren wurde in der Einladung von Seiten der Uni dann gleich die Altersgruppe von sechs bis zehn Jahren angesprochen (und die Vorträge entsprechend vorbereitet), weil nach den vorherigen Erfahrungen angenommen wurde, dass dies die Gruppe der Hauptinteressentinnen /-interessenten sei. Aber daraufhin war das Publikum typischerweise zwischen vier und maximal acht Jahre alt (Eltern und Großeltern ausgenommen). Und der Vortrag mit den Versuchen war wegen des Lärmpegels kaum noch durchführbar.

Was tun diese Eltern ihren Kindern nur an! Es geht ihnen doch bei solchen Aktionen gar nicht um ihre Kinder. Sie wollen sich selbst aufwerten, als etwas Besonderes darstellen, weil sie (vermeintlich) ein hochbegabtes Kind haben und deshalb besondere Aufmerksamkeit verdienen. Das ist auch eine Form von *Missbrauch,* nämlich das Kind für die Erfüllung der eigenen Bedürfnisse auszunutzen und ihm die eigene, freie Entwicklung zu verwehren. Welche Bürde für das Kind!

Hochbegabt zu sein, ist in unserer Gesellschaft nicht einfach, aber es nicht zu sein und dennoch von den eigenen Eltern in diese Rolle gedrängt zu werden, ist genauso schlimm.

Wann und bei welcher Gelegenheit sollen diese Kinder sich selbst richtig einzuschätzen lernen?!

Die Pädagogik betont mit Recht immer wieder, dass es wichtig ist, Kinder für ihre Leistungen zu loben. Aber ein Lob für jede winzige Kleinigkeit oder wenn sich ein Kind gerade gar keine Mühe gegeben hat (aber die Eltern ihre Ruhe haben wollen), hilft nicht, sondern schadet dem Kind, weil es dadurch nicht lernt, seine Leistungen und sein Auftreten richtig einzuordnen.

13.5   Fazit

- Wehret den Hubschraubereltern!
- Das bedeutet zum einen, dass sich Eltern immer wieder zurücknehmen, ihre Ängste, Bequemlichkeiten, Egoismen sowie den Wunsch nach Selbstdarstellung weitestgehend zurückhalten sollten, wenn es um die Interaktion ihrer Kinder mit der Außenwelt geht.
- Das bedeutet aber auch, dass Jugendliche versuchen sollten, sich von ihren Eltern zu emanzipieren, gegen den Wunsch ihrer Eltern vielleicht lieber Kunstgeschichte als Physik zu studieren oder ein Handwerk zu erlernen, egal was sich ihre Eltern für sie vorgestellt haben. Das ist auch für die Jugendlichen schwierig und mit Mühe verbunden. Dazu gehört auch, dass man nach dem Abi bald auf das „Hotel Mama" verzichtet, selbst wenn es doch so bequem ist.
- Aber auch Hubschrauberlehrende, die ihren Schülerinnen/Schülern oder Studierenden zu viel abnehmen, sind kontraproduktiv. Leider wird von politischer Seite immer mehr *Full Service* der Dozierenden gegenüber den Studierenden erwartet, so dass die Tendenz meines Erachtens in die völlig falsche Richtung geht. – Studierende, die nicht zur Klausur erschienen sind und deshalb

einen Fehlversuch („nicht bestanden") angerechnet bekommen haben, beschweren sich darüber, dass sie (trotz
mehrfacher Nennung in der Vorlesung plus Aushängen an
mehreren Stellen im Fachbereich und auf den Vorlesungs-
webseiten Monate im Voraus) angeblich nichts von dem
Klausurtermin wussten und auch nicht wissen konnten,
weil ihnen der Dozent keine persönliche E-Mail geschrieben hat etc. – Durch zu viel Fürsorge werden die Studierenden nicht zur Selbstständigkeit angehalten und vielleicht sogar immer noch unselbstständiger. Dadurch werden sie schlecht auf die Anforderungen im Beruf vorbereitet. Das sollte unbedingt vermieden werden!

14

Kommentar 3 – „Wozu soll das gut sein?"

Der Nutzen ist immer da, auch wenn er nicht sofort offensichtlich wird!

14.1 „Wozu soll das gut sein?" – als generelle Frage

Kürzlich erhielt u. a. Reinhard Genzel, Professor und Direktor des Max-Planck-Instituts für Extraterrestrische Physik, den Nobelpreis für Physik 2020 – für seine Arbeiten zu Schwarzen Löchern. Ihm wurde in Interviews oder auch ohne ihn in Kommentaren immer wieder die Frage gestellt, wozu denn solche Forschung gut sei. – Als Wissenschaftler/in fühlt man sich dann geradezu reflexartig dazu berufen, daran zu erinnern, dass zwar diese wissenschaftlichen Erkenntnisse nicht unmittelbar zu neuen Produkten führen, dass aber die im Zuge dieser Arbeiten entwickelten Technologien auch in ganz anderen Bereichen genutzt werden können und auch schon werden. Oder man erinnert daran, dass *zum Beispiel* der Laser zunächst weithin als eine Lösung eines Problems, das es gar nicht gab, verspottet wurde. Heute sind Laser aus der Fertigung und Materialbearbeitung, der Medizin, der Kommunikationstechnik usw. nicht mehr wegzudenken. Ihre Entwicklung und Herstellung stellt einen wichtigen Industriezweig dar.

Aber warum kann die „Öffentlichkeit" anscheinend überhaupt erst bei solchen Argumenten der Forschung einen Sinn zusprechen? Und wie kommt es zu dieser Denkweise?

Zum einen ist die Frage „Wozu soll das gut sein?" einfach, schlichtweg einfach. Jeder kann darauf kommen und sie stellen, ohne viel nachzudenken. Dann kann man ja erst einmal abwarten, was darauf geantwortet wird. – Zum anderen erkläre ich mir solche Fragen und ihre Häufigkeit aber auch damit, dass zählbare Werte gegenüber ideellen Werten in unserer Gesellschaft immer mehr an Bedeutung gewinnen – und sei es teilweise wieder nur, weil man mit ihnen einfacher umgehen kann.

Wenn aber solche zählbaren Werte immer wieder in den Vordergrund gestellt werden („Wie viele Studierendenberatungen haben Sie durchgeführt?" anstelle von „Wie tiefgehend waren die Studierendenberatungen, und welche generellen Probleme sind dabei offenkundig geworden?"), verselbstständigt sich die Bedeutung solcher „ökonomischer" Fragen. Das Denken wird immer mehr von solchen Fragen geprägt.

Aus demselben Grund führen Abrechnungen mit Krankenkassen dazu, dass ein ambulanter Pflegedienst erst dann wirtschaftlich arbeiten kann, wenn jede Mitarbeiterin / jeder Mitarbeiter zwölf oder mehr Patientinnen/Patienten in einer Schicht versorgt (zeitlich inklusive der Anfahrtswege). Dass dabei für ein persönliches Gespräch mit der jeweiligen

Patientin / dem jeweiligen Patienten keine Zeit mehr bleibt, ist offenkundig.

Warum lassen wir es als Gesellschaft zu, dass die Ökonomie immer mehr unser Leben bestimmt? Nun bin ich selbst alt genug, um bei dieser Frage nicht allzu naiv zu sein. Natürlich können wir uns als Gesellschaft das Adjektiv in dem Ausdruck „soziale Marktwirtschaft" nur leisten, weil und solange Firmen Gewinne machen und sinnvoll hohe Steuern zahlen[1].

Aber wenn schon wirtschaftlich gerechnet wird, sollten auch weitere Posten berücksichtigt werden. Im Umweltschutz fängt dies gerade an. Naturzerstörung verursacht eben auch Kosten, die in die wirtschaftliche Rechnung aufgenommen werden sollten und ein Produkt für eine Gesellschaft de facto teurer machen. Und wenn wir uns nicht um benachteiligte Jugendliche kümmern, solange noch etwas verbessert werden kann, werden die Folgekosten (Arbeitslosigkeit, sozialer Ausstieg …) ein Vielfaches betragen. Aber dann geht es um andere „Finanztöpfe". Darf man es deshalb außer Acht lassen? Sicher nicht!

Was ist also zu tun? Ich maße mir nicht an, eine Patentlösung zu kennen. Wenn es eine solche gäbe, die Lösung also so einfach wäre, hätte man sie schon umgesetzt. Alles hängt mit allem zusammen. Und eine Steuererhöhung an einer Stelle führt vielleicht zu dem Wegfall ganzer Wirtschaftszweige (weil ihre Arbeit nun nicht mehr wirtschaftlich sein kann), was die Situation eher verschlimmert als verbessert. Und dennoch meine ich, es ist *der richtige Ansatz, auch die indirekten Kosten zu berücksichtigen und von Anbietern und Konsumentinnen/Konsumenten bezahlen zu lassen.*

Und selbst dabei ist wieder Augenmaß erforderlich. Sollen sich z. B. Fußballvereine, die ja (ohne Corona) mit den

---

[1] Aber das wäre wegen der von der Gesellschaft vorgehaltenen Infrastruktur (Straßen, Schul- und Ausbildungssystem …) auch gerechtfertigt.

Eintrittskarten Geld verdienen, an den Kosten für die Polizeieinsätze, und sei es nur wegen der Verkehrsregelung bei An- und Abfahrt der Zuschauer/innen, wirklich beteiligen (wie es ja teilweise auch schon geschieht)? Oder hat nicht doch die Gesellschaft viel davon, wenn es solche und andere sportliche und kulturelle Angebote gibt, so dass die Begleitkosten von der Gesellschaft getragen werden sollten? Wo ist der richtige Mittelweg? Wie wird eine Maßnahme umgesetzt, ohne zu große Ungerechtigkeiten aufkommen zu lassen? Darum muss die Gesellschaft ringen!

Nun habe ich einen weiten Bogen geschlagen und möchte zum Ausgangspunkt zurückkommen. Dass Forschung – übrigens nicht nur die medienwirksame – eine Bedeutung für die Gesellschaft hat, erleben Forscher/innen fast monatlich, beispielsweise wenn

- ihnen Jugendliche und Erwachsene, die selbst direkt gar nichts mit Forschung zu tun haben, E-Mails mit Fragen zu Themen schreiben, von denen sie etwas im Fernsehen gehört haben,
- an Tagen der offenen Tür die Labore eingerannt werden,
- dabei eine ältere Dame erzählt, die Wissenschaft hätte sie seit ihrer Kindheit immer fasziniert, aber leider hätte sich für sie die Chance dazu nicht ergeben.

Warum sollte wissenschaftliche Erkenntnis – auch jenseits jedes wirtschaftlichen Nutzes – für Menschen weniger wichtig sein als die Möglichkeit, ein Fußballspiel oder ein Formel 1^{TM}-Rennen zu besuchen? Vielleicht weil doch etwas mehr Menschen an Fußball interessiert sind? – Zum einen könnte das sogar bezweifelt werden. Zum anderen: Kann das wirklich das entscheidende Kriterium sein? Ich brauche sicher nicht zu sagen, wie ich diese Fragen beantworten würde. Menschen sind von ihrem Naturell her grundsätzlich neugierig – im besten Sinn des Wortes. Unter anderem das treibt sie an. Wenn eine Gesellschaft dies ermöglicht, hat das etwas mit Kultur zu tun. Und das ist allemal wichtiger als die neuste Version des Smartphones oder der Aktienkurs des Smartphone-Herstellers, auch wenn uns bestimmte Fernsehprogramme etwas anderes vorgaukeln wollen. Der Kaiser hat gar keine neuen Kleider an!

14.2 „Wozu soll das gut sein?" – im speziellen Fall

An dieser Stelle möchte ich mich auf Erfahrungen aus der Lehre beschränken, die ja in Kap. 1 bis 11 schon angeklungen sind. Heutzutage bekommen Dozentinnen/Dozenten fast bei jeder Thematik, die sie in Lehrveranstaltungen behandeln, die Frage gestellt: „Wozu soll das (für mich) gut und nützlich sein?"

Auf diese Frage gibt es meines Erachtens drei Antworten mit aufsteigender Wichtigkeit: Wissen, Konzepte/Konzeptverständnis, Üben.

14.2.1 Wissen

Wenn sich eine Schülerin oder Studentin / ein Schüler oder Student in ein Fachgebiet einarbeiten möchte, ist es sinnvoll, dass sie/er von möglichst vielen Teilgebieten etwas mitbekommt. So reicht es z. B. in der Chemie nicht, nur von anorganischen Materialien zu wissen, sondern man muss auch – wenigstens ungefähr – wissen, was es in der Organik noch so alles gibt und nach welchen Prinzipien das funktioniert. Der Überblick ist wichtig, um aus einem größeren Fundus schöpfen zu können, wenn es dann irgendwann erforderlich wird. Und dies hat mit der Aneignung von Wissen zu tun, teilweise sogar mit stumpfem Auswendiglernen. Und selbst wenn dieses Wissen ja irgendwo nachgeschlagen werden könnte, sollte man wenigstens wissen, unter welchen Stichwörtern nachzuschlagen ist. Und dazu müssen diese Stichwörter bekannt und *mit einer Bedeutung verbunden* sein.

14.2.2 Konzepte und Konzeptverständnis

Ich weiß nicht warum, aber z. B. gerade beim Thema „hydrostatischer Auftrieb"[2] höre ich die Frage „Wozu soll das für mich gut sein?" immer wieder von Studierenden. Fühlen sie sich unterfordert? Ist das unter ihrer Würde? Stellen sie sich dabei den in der Badewanne mit einem Quietscheentchen spielenden Archimedes vor und finden die Thematik daher uncool? Aber wie dann die schlecht bearbeiteten Übungsaufgaben zeigen, ist das Thema gar nicht trivial. – Genau darum geht es! Unterschiedliche Themen erlauben die exemplarische Darstellung unterschiedlicher Konzepte und Denkweisen.

Der hydrostatische Auftrieb hat mit dem unterschiedlichen Druck in unterschiedlichen Höhen einer Flüssigkeits- oder Gas„säule" zu tun. Schon allein diese seitlich begrenzte Säule, die man sich *gedanklich* aus dem Meer oder der Atmosphäre herausschneidet, stellt ein wichtiges Konzept dar: die Abstraktion auf eine begrenzte Grundfläche. Und diese Säule wird *gedanklich* weiter in übereinanderliegende Schichten/Scheiben zerlegt, ein weiteres hilfreiches und wichtiges Konzept. In Scheiben weit oben in der Luftsäule verursachen und erfahren die Luftmoleküle nur wenig Druck, weil wenige andere Moleküle oder Scheiben mit ihrem Gewicht auf sie herunterdrücken. Bei Scheiben weiter unten in der Säule ist der Druck höher, weil das Gewicht der

---

[2]Trotz des Wortteils „hydro" geht es dabei nicht nur um Wasser, sondern auch um andere Flüssigkeiten und sogar um alle Arten von Gasen, vielleicht auch Luft.

weiter oben liegenden Scheiben auf die weiter unten liegenden drückt. Der dadurch entstandene höhere Druck führt bei Gasen auch zu einer erhöhten Dichte.

Wenn man die Beiträge zu Gewicht und Druck von all diesen Scheiben auf die Grundfläche ausrechnen möchte, muss also berücksichtigt werden, dass sich die Dichte mit der Höhe ändert, und das erfordert statt der Summe über die Scheiben ein Integral[3] mit veränderlicher Luftdichte. Eine ganz wichtige Erkenntnis! Und am Ende steht rechnerisch und experimentell bestätigt die barometrische Höhenformel, d. h. eine Exponentialabhängigkeit des Luftdrucks von der Höhe: Der Luftdruck nimmt exponentiell mit der Höhe ab.

Wenn es sich aber nicht um Luft, sondern um Wasser handelt, ändert sich die Dichte des Mediums nicht (wesentlich) mit der Höhe/Tiefe. Wasser gilt in erster Näherung als inkompressibel (nicht zusammendrückbar). Hier können die Gewichte der Scheiben in der Säule einfach aufaddiert werden, und es ergibt sich eine *lineare* Abhängigkeit, d. h. der Druck nimmt mit der Wassertiefe *proportional* zur Wassertiefe zu (1 bar pro 10 m Wassertiefe).

Es gibt kaum ein gehaltvolleres Physik-Erstsemesterthema als den hydrostatischen Auftrieb – im Sinne des Erlernens wichtiger Methoden und Konzepte! Warum können die Studierenden den Dozierenden nicht einfach ein bisschen vertrauen, darauf vertrauen, dass dieses Thema nicht leichtfertig ausgesucht und behandelt wird?

14.2.3 Üben

Selbst wenn eine Thematik nicht ganz so gehaltvoll wie der hydrostatische Auftrieb wäre, hätte sie schon deshalb eine

---

[3]Integrale ersetzen Summen, wenn sich die Parameter schnell ändern, wie hier die Luftdichte mit der Höhe über dem Erdboden.

Berechtigung, ernst genommen zu werden, weil sie zum Üben genutzt werden könnte:

- zum Üben des Aufbaus logischer Gedankengänge (z. B.: Was folgt woraus? Ist das eine notwendige oder hinreichende Bedingung? Gilt das immer oder nur unter Umständen?),
- zum Üben der Unterscheidung von vorliegenden und noch zu berechnenden Größen,
- zum Üben der Unterscheidung von akzeptablen Annahmen und solchen Voraussetzungen, die das Ergebnis der Überlegungen völlig verändern können.

Wie ich bereits in Kap. 6 erläutert habe: Eine Musikerin muss auch üben, Tonleitern und einfache Etuden zu spielen, um im Konzert die Fingerfertigkeit für komplexere Passagen zu haben!

14.3   Cool ist, wer Mathe blöd findet, oder!?

Leider hat sich in unserer Gesellschaft eine Atmosphäre breit gemacht, wonach es cool ist, Mathematik und Naturwissenschaften nicht toll zu finden, vielleicht sogar schlecht darin zu sein. Insbesondere Prominente tun sich gerne damit hervor, wohl um ihre vermeintliche Volksnähe zu unterstreichen. Diese Entwicklung ist schlimm für ein Land, das u. a. auch von seinem technologischen Know-how lebt.

Nun vermag man gutwillig in den letzten zehn Jahren eine gegenteilige Tendenz in den Medien und sozialen Netzwerken zu erkennen, die sich in einer Flut von beispielsweise wissenschaftlich angehauchten Sendungen oder Mathematik-Blogs äußert. Aber hierbei gibt es riesige Qualitätsunterschiede.

Ich bin hin- und hergerissen. Mich freut, dass durch solche Sendungen die Aufmerksamkeit auf diese Themen gelenkt wird. Aber sehr häufig haben die Darbietungen eher mit dem kurzfristigen Erhaschen eines eindrucksvollen Effekts zu tun als mit wissenschaftlichem Denken. Wenn man wirklich einmal Glück hat, wird auch eine *Erklärung* gegeben. Und wenn man ganz viel Glück hat, ist dies sogar die *richtige* Erklärung, zumindest das richtige Stichwort. – Zum Beispiel hat das schnelle Wegziehen eines Tischtuchs unter einer Vase sehr wenig mit *Massenträgheit* und dafür ganz viel mit Reibung zu tun, also mit der Frage, ob die glatte Vase überhaupt eine *Kraftübertragung* von dem glatten Tischtuch erfahren kann oder nicht. Aber alle kopieren voneinander und sonnen sich in ihrer vermeintlichen Wissenschaftlichkeit. Bitte nicht nachmachen!

Auch ich selbst suche auf YouTube™ gerne nach guten kurzen Videos zu interessanten aufwändigen Experimenten – Videos, die ich dann in der Vorlesung abspielen kann, weil es eventuell wegen des hohen Aufwands nicht möglich ist, den Versuch selbst durchzuführen. Oder ich suche nach Simulationen von Bewegungsvorgängen. So bin ich ganz begeistert von den vielen Animationen, die dort zu finden sind und die etwa das Funktionieren von Getrieben veranschaulichen.

Aber man muss andererseits auch sehr skeptisch sein. Gerade auf YouTube™ gibt es sehr viele selbsternannte Dozentinnen/Dozenten der Mathematik, Natur- und Ingenieurwissenschaften, die es zwar schaffen, zu einem Thema ein amüsantes Video, eine im Prinzip anschauliche Graphik oder eine schöne Simulation zu zeigen, das aber nicht wirklich erklären.

Auch wenn die Erklärungen *irgendwie* richtig sind, sind sie doch didaktisch meistens nicht sinnvoll aufbereitet. Hinterher könnten meines Erachtens die wenigsten Zuschauer/innen, wenn sie gefragt werden würden, die richtige Erklärung geben. *Es ist eben kein Zufall, dass ein Lehramtsstudium einige Jahre dauert!*

Manchmal hört man in journalistischen Kommentaren und Bemerkungen, so wie mit diesen YouTube^{TM}-Beiträgen würde man heute lernen. Ich möchte nicht alle diese Beiträge über einen Kamm scheren; aber für die meisten gilt: Nein, so lernt man auch heute nicht! Unser Gehirn ist ein neuronales Netz, und das lernt anders. Ich werde in Abschn. 15.1 noch darauf eingehen. Bunte Bildchen und Filmsequenzen mögen zwar nett anzuschauen sein, haben aber eher die Tendenz, vom Wesentlichen abzulenken, wenn sie didaktisch nicht gut vor- und aufbereitet sind.

Und alles muss angeblich unbedingt Spaß machen! So kommen die frisch gebackenen Abiturientinnen/ Abiturienten an die Universitäten und Fachhochschulen, setzen sich in die Vorlesungen und erwarten Spaß, so als säßen sie im Kino, wo sie sich berieseln lassen können. Den Spaß mögen sie ja – wo möglich – auch ruhig haben; ich gönne ihn ihnen. Aber ein Studium ist nicht immer Spaß. Einen komplizierten Zusammenhang oder Sachverhalt zu begreifen, ist harte Arbeit, die sich vielleicht über Wochen hinzieht. Spaß macht es dann, wenn man ihn begriffen hat. Dann hat man das Gefühl, dass man der Natur und den Naturgesetzen etwas nähergekommen ist. Vielleicht fühlt man sich sogar als Teil des Ganzen, weil man zumindest für einen ganz kleinen Zipfel begriffen hat, wie die Natur tickt. Das ist eine andere und viel lohnendere Form der Befriedigung als ein kurzfristiger und kurzzeitiger Spaß.

14.4   Fazit

- Bereits im Vorwort zu diesem Buch bin ich darauf eingegangen, dass sich die Gesellschaft immer weiter und zum Teil stark verändert. Transparenz gepaart mit Mitbestimmungsmöglichkeiten ist heute eine wichtige Forderung, und ich selbst habe damit noch nicht einmal Probleme. Dozentinnen/Dozenten sollten viel häufiger und konsequent erwähnen, warum sie eine Thematik behandeln. (Eine *erlaubte* Erklärung mag an der einen oder anderen Stelle dann aber auch sein, dass das zum Allgemeinwissen und zur Kultur gehört.)

- Die Lernenden sollten erstens bereit dazu sein, diese Bemerkungen zu hören und aufzunehmen, um ihres eigenen Verständnisses willen.

- Und zweitens sollten sie auch ein wenig Vertrauen zu ihren Dozentinnen/Dozenten aufbringen. Das sind *meistens* engagierte Leute, die *üblicherweise* viele Jahre mehr Erfahrung in dem Fachgebiet und sicher auch mehr „Durchblick" haben. Sie haben sich *meistens* Gedanken gemacht, warum sie ein uncooles Thema durchnehmen, obwohl sie mit einem coolen bei den Schülerinnen/Schülern/Studierenden doch viel mehr Punkte sammeln könnten.

- Niemandem zu glauben oder zu vertrauen, ist nicht die richtige Konsequenz aus dem Wunsch nach Transparenz und Mitbestimmung!

15

Kommentar 4 – *Instant Gratification*

Die Belohnung kommt nicht sofort und setzt viel Arbeit voraus!

15.1 „Ohne Fleiß kein Preis!"

Das letzte Kapitel endete mit dem Aufruf, den Lehrenden/Erfahrenen doch mehr Vertrauen zu schenken. Nun ist vielleicht gerade das für einen jungen Menschen gar nicht so leicht, der versucht, seinen Platz im Leben und in der Gesellschaft zu finden. Selbst wenn er ein gutes Verhältnis zu seinen Eltern hat, so hat er doch eigene/andere Ideen, und es entstehen Konflikte. Dasselbe Problem könnte die Lehrer/innen betreffen, die ja vielleicht größtenteils im selben Alter wie die Eltern sind. Und schon gar nicht möchte man als junger Mensch den Satz hören: „Komm du erst einmal in mein Alter; dann wirst du auch anders denken!" Vielleicht lassen sich solche Konflikte daher nie ganz vermeiden.

© Der/die Autor(en), exklusiv lizenziert durch Springer-Verlag GmbH, DE, ein Teil von Springer Nature 2021
H. Fouckhardt, *Lehren und Lernen – Tipps aus der Praxis*,
https://doi.org/10.1007/978-3-662-63200-0_15

Auch ich selbst habe als Jugendlicher etliche Male die Augen verdreht, wenn meine geliebte Großmutter wieder einmal ein Sprichwort „aus dem reichen Sprichwortschatz unserer Großmutter" einwarf, ein geflügeltes Wort bei uns zuhause. Aber je älter ich wurde, desto mehr hat mich auch immer verblüfft, wie Weisheiten, zu denen ich dann auch ganz allmählich gelangte, schon in uralten Sprichworten auftauchten:

- „Man soll den Tag nicht vor dem Abend loben!" Ein guter Start für ein Forschungsprojekt, z. B. ein schnelles erstes Ergebnis, würde noch gar nichts bedeuten, wenn es danach ungeordnet weiterginge. Wer weiß, was noch alles passiert. Wenigstens sollte das Projekt von Anfang bis Ende gut geplant sein.
- „Was du heute kannst besorgen, das verschiebe nicht auf morgen!" Sicher stimmt das nicht immer, weil man manchmal auch einfach den Kopf frei bekommen muss. Aber oft ist die Weisheit richtig. Alles, was man heute lösen kann, blockiert die Arbeit am nächsten Tag nicht.
- „Ohne Fleiß kein Preis!" – Diese Weisheit ist besonders wichtig für eine erfolgreiche Ausbildung oder ein erfolgreiches Studium.

Wir leben heute in einer Zeit, in der *Instant Gratification*[1] gewünscht wird. Ich selbst kann mich dem auch nicht ganz verschließen, obwohl ich in meiner Jugend ganz anderes erlebt habe. Zunächst bestellt man einmal ohne Eile etwas online und wundert und freut sich, dass es am nächsten Tag schon da ist. Irgendwann gewöhnt man sich daran und versucht gar nicht mehr, rechtzeitig an Geburtstagsgeschenke für Freunde zu denken; denn man kann ja immer noch

---

[1]Ich wähle hier den englischen Ausdruck, weil er etwas mehr beschreibt als das deutsche „sofortige Belohnung", nämlich auch „sofortige Anerkennung/Wertschätzung".

einen Tag vorher eine schnelle Online-Bestellung machen. Und schon ist es passiert: die Erwartungen haben sich geändert. Und eine Lieferung, die mehr als drei Tage braucht, bekommt keinen weiteren Stern.

Das alles ist schon unnatürlich genug. Aber unbedingt sollte man sich davor hüten – und das ist leider nicht ganz einfach –, diese Denkweise auf alle Bereiche des Lebens zu übertragen, und schon gar nicht auf alles, was mit Lernen zu tun hat. Es funktioniert eben nicht, sich in eine 90-minütige Vorlesung zu setzen und dann die gesamte behandelte Thematik verstanden zu haben. Selbst wenn die Vorlesung sehr gut gemacht ist, muss man sich mit dem Stoff auseinandersetzen: Übungsaufgaben lösen, mehr als ein Buch dazu konsultieren, um hoffentlich letztendlich ein gutes Verständnis sammeln zu können.

Und eine Thematik verstanden zu haben, bedeutet noch nicht, auch alle anderen Themen unter der Vorlesungsüberschrift verstanden zu haben. Und eine einsemestrige Vorlesung wirklich verstanden zu haben, bedeutet noch nicht, auch andere Vorlesungen verstanden zu haben ... Sie merken, worauf es hinausläuft! Ein Studium dauert Jahre. Da gibt es keine *Instant Gratification!*

Nach meinem Eindruck ist die fälschliche Erwartung von *Instant Gratification* durch die meisten Studierenden – zumindest zu Studienbeginn – das größte Hemmnis für ein erfolgreiches Studium. Auch „Blut, Schweiß und Tränen"- Reden der Dozentinnen/Dozenten nach einem schlecht ausgefallenen Test helfen dann oft nicht weiter, weil die betreffenden Studierenden noch gar nicht verstehen, was gemeint ist. Erst eine nicht bestandene offizielle Prüfung führt vielleicht dazu, dass umgedacht wird.

Wie kann man glauben, dass es bei einem so komplexen und umfangreichen Fachgebiet wie Physik, Chemie, Biologie, Mathematik, Maschinenbau oder Elektrotechnik sehr bald „klick macht" und alles klar ist? Nicht wenige Studie-

rende, die mehrfach durchgefallen sind und sich sehr schwer-
tun, antworten mir auf meine Frage, warum sie Physik studieren, sie hätten mit diesem Studium begonnen, weil sie
noch nicht arbeiten wollten und Physik ja keinen Numerus
clausus hätte. Was soll man als Dozent dazu noch sagen?

Aber selbst wenn es nicht um so extreme Fälle geht, ist die
Situation schwierig. Ein Gehirn ist ein neuronales Netzwerk,
ein Netzwerk aus Gehirnzellen, d. h. den Neuronen, und ihren Verbindungen, den Synapsen. Jeder Gedanke, aber auch
jede Wahrnehmung stellt einen bestimmten Anregungszu-
stand dieses Systems dar, Erregung der Neuronen und Stär-
ke der Verbindungen. Wenn ein bestimmter Zustand z. B.
durch eine äußere Wahrnehmung teilweise erreicht wird,
wird sich das System sehr schnell in den dazugehörigen (ge-
speicherten) Gesamtzustand hineinentwickeln. Wir haben
alle schon einmal erlebt, dass wir ein Gesicht auf einem
Bahnsteig nur ganz kurz und von der Seite gesehen haben
und doch sofort darin das Gesicht eines Bekannten wieder-
erkannt haben, den wir lange nicht mehr gesehen hatten.

Aber bis es so weit ist, muss man den Bekannten oft gesehen haben. Der dazugehörige Zustand des neuronalen Netzwerks muss durch häufige Wiederholung zu einem stabilen
Zustand des Netzwerks geworden sein. Und so ist es eben
nicht nur bei Gesichtern, sondern auch bei komplexen Gedanken und Zusammenhängen. Wenn wir einen Geistesblitz
haben, hat unser Gehirn gerade eine Verbindung zwischen
zwei Netzwerkzuständen hergestellt; es schwingt quasi zwischen beiden Zuständen hin und her und bildet gerade einen
neuen quasi *gemeinsamen* Zustand.

Nun braucht es üblicherweise viele Wiederholungen und
sehr viele Gedankenansätze, bis sich ein stabiler Zustand des
Verstehens eingestellt hat. Und dabei geht es nur um *einen*
komplexen Gedanken. Wie sollte es also möglich sein, sehr
viele, sehr komplexe Zusammenhänge einfach dadurch zu
stabilen Zuständen des neuronalen Netzwerks zu machen,

dass man sich in einer Vorlesung davon ein bisschen berieseln lässt? Die Situation ist ganz einfach: So funktioniert es *nicht!*

15.2 Fazit – *Stronger Gratification*

Mir sagte ein nur vermeintlich schlauer Physikstudent in seinem ersten Semester nach einer „Blut, Schweiß und Tränen"-Rede von mir einmal: „Ich weiß gar nicht, warum Sie sich so aufregen. Man muss doch heute gar nichts mehr verstehen; man kann doch alles in Expertensystemen nachlesen." Aber zum einen: Wer sollte denn diese Expertensysteme programmieren und immer weiter verfeinern, wenn nicht jemand, der ein tiefes Verständnis von der Thematik hat? Und zum anderen: Wie sollte man mit dem Expertensystem sinnvoll umgehen können, wenn man nicht wenigstens in groben Zügen weiß, worum es geht und wie die Aspekte miteinander zusammenhängen? Noch hege ich die Hoffnung, dass man diese Argumente auch als frisch gebackener Abiturient erahnen könnte, ohne dass man sie erläutert bekommen muss. Wenn aber bis zum Abi alles ganz einfach *erschien,* so dass die genannten Gedanken nie aufkamen, ist derjenige zu bedauern, denn dann hat er nicht viel gelernt.

Ich habe in meinen Beispielen von Abiturientinnen/ Abiturienten und Studierenden gesprochen. Aber eigentlich können sie auf jeden übertragen werden, der eine komplexe Tätigkeit erlernen möchte: ein Handwerk, eine Sportart, Tanzen, das Spielen eines Musikinstruments, eine Fingerfertigkeit wie Jonglieren usw. Übung macht den Meister! Ohne Fleiß kein Preis!

Es kommt aber noch ein anderer Aspekt hinzu. Fast könnte ich sagen, wie gut, dass neuronale Netze so langsam lernen. Wenn man sich eine Fertigkeit oder Fähigkeit oder ein Wissen oder Verständnis komplexer Zusammenhänge langwierig erarbeitet hat, ist es zwar keine *Instant Gratification,* aber eine sehr starke, länger während Belohnung *(Stronger Gratification)*, wenn man mit all den Anstrengungen erfolgreich war.

Literatur

[BAC13] Bachmann, M.: Ich kann meine Gedanken abends einfach nicht abschalten. Hochbegabung – ADHS – Asperger Autismus. Über die Notwendigkeit einer genauen Diagnostik. In: Trautmann, T., Manke, W. (Hrsg.) Begabung – Individuum – Gesellschaft, S. 65–77. Begabtenförderung als pädagogische und gesellschaftliche Herausforderung. Beltz-Verlag, Juventa (2013)

[BAK18] Baker, J.P., Goodboy, A.K., Bowman, N.D., Wright, A.A.: Does teaching with powerpoint increase students' learning? A meta-analysis. Comput. Educ. **126**, 376–387 (2018). https://doi.org/10.1016/j.compedu.2018.08.003

[BMBF15] BMBF-Broschüre: Begabte Kinder finden und fördern. Ein Wegweiser für Eltern, Erzieherinnen und Erzieher, Lehrerinnen und Lehrer. BMBF (2015)

[ERD11] Erdemir, N.: The effect of powerpoint and traditional lectures on students' achievement in phy-

© Der/die Herausgeber bzw. der/die Autor(en), exklusiv lizenziert durch Springer-Verlag GmbH, DE, ein Teil von Springer Nature 2021
H. Fouckhardt, *Lehren und Lernen – Tipps aus der Praxis*,
https://doi.org/10.1007/978-3-662-63200-0

sics. J. Turk. Sci. Educ. (TUSED) **8**(3), 1–3 (2011)

[ERI93] Ericsson, K.A., Krampe, R.T., Tesch-Romer, C.: The role of deliberate practice in the acquisition of expert performance. Psychol. Rev. **100**(3), 363–406 (1993)

[GAR02] Gardner, H.E.: Intelligenzen. Die Vielfalt des menschlichen Geistes. Klett-Cotta, Stuttgart (2002)

[GLA12] Gladwell, M.: Überflieger. Piper, Munich (2012)

[GOL18] Gola, P., Jaspers, A., Müthlein, T., Schwartmann, R.: Datenschutz-Grundverordnung (DS-GVO/BDSG) im Überblick. DATAKONTEXT, Frechen (2018)

[GRÖ17] Gröber, S., Klein, P., Kuhn, J., Fleischhauer, A.: Smarte Aufgaben zu Mechanik und Wärme. Lernen mit Videoexperimenten und Co. Springer Spektrum, Berlin (2017)

[HUB14] Huber, L. et al. (Hrsg.): Forschendes Lehren im eigenen Fach. WBV, Bielefeld (2014)

[HUB09] Huber, L. et al. (Hrsg.): Forschendes Lernen im Studium. UVW, West Virginia (2009)

[KRU99] Kruger, J., Dunning, D.: Unskilled and unaware of it: how difficulties in recognizing one's own incompetence lead to inflated self-assessments. J. Pers. Soc. Psychol. **77**(6), 1121–1134 (1999)

[KUH19] Kuhn, J., Vogt, P. (Hrsg.): Physik ganz smart – Die Gesetze der Welt mit dem Smartphone entdecken. Springer Spektrum, Berlin (2019)

[LEE13] Lee, H., Woo, L., Kyu, Y.: Does digital handwriting of instructors using the iPad enhance student learning? Asia-Pac. Edu. Res. **22**(3), 241–245 (2013). https://doi.org/10.1007/s40299-012-0016-2

[MAR91] Markus, H.R., Kitayama, S.: Culture and the self: implications for cognition, emotion, and motivation. Psychol. Rev. **98**(2), 224–253 (1991). https://doi.org/10.1037/0033-295X.98.2.224

[MAZ97]   Mazur, E.: Peer Instruction – A User's Manual: Prentice Hall Series in Educational Innovation. Prentice Hall, Upper Saddle River (1997)

[PLA15]   Plath, M.: „Spielend" unterrichten und Kommunikation gestalten. Beltz, Weinheim (2015)

[TER26–59] Terman, L.M.: Genetic Studies of Genius I–V. Stanford University Press, Redwood (1926–1959)

Printed in the United States
by Baker & Taylor Publisher Services